『電気・電子工学基礎シリーズ7．電気回路』　正誤表

1．p.92～p.110 のヘッダー　誤）6．交流回路　→　正）6．二端子対回路

2．p.74 図 5.6(d)において、電流源の向きが逆

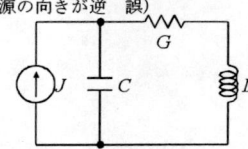

3．p.100 式(6.44)
　誤）$V'_2 = V''_1, \ I'_2 + I''_1$
　正）$V'_2 = V''_1, \ I'_2 = I''_1$

4．p.140 式(7.90)
　誤）
$$V_x = V_l \cos\beta(l-x) - jZ_0 I_l \sin\beta(l-x)$$
$$I_x = -j\frac{V_l}{Z_0}\sin\beta(l-x) + I_l \cos\beta(l-x)$$
(7.90)

　正）
$$V_x = V_l \cos\beta(l-x) + jZ_0 I_l \sin\beta(l-x)$$
$$I_x = j\frac{V_l}{Z_0}\sin\beta(l-x) + I_l \cos\beta(l-x)$$
(7.90)

5．p145 式(7.106)
　誤）$Z_x = \dfrac{V_x}{I_x} = Z_0 \dfrac{Z - jZ_0 \tan\beta(l-x)}{-jZ \tan\beta(l-x) + Z_0}$　(7.106)

　正）$Z_x = \dfrac{V_x}{I_x} = Z_0 \dfrac{Z + jZ_0 \tan\beta(l-x)}{jZ \tan\beta(l-x) + Z_0}$　(7.106)

6．p145 式(7.107)
　誤）$\dfrac{V_{\max}}{I_{\min}} = \dfrac{Z_0 I_{\max}}{I_{\min}} = Z_0 \mathrm{SWR} = Z_0 \dfrac{Z - jZ_0 \tan\beta(l-x_{\max})}{-jZ \tan\beta(l-x_{\max}) + Z_0}$　(7.107)

　正）$\dfrac{V_{\max}}{I_{\min}} = \dfrac{Z_0 I_{\max}}{I_{\min}} = Z_0 \mathrm{SWR} = Z_0 \dfrac{Z + jZ_0 \tan\beta(l-x_{\max})}{jZ \tan\beta(l-x_{\max}) + Z_0}$　(7.107)

7．p146 式(7.108)
　誤）$Z = Z_0 \dfrac{\mathrm{SWR} + j \tan\beta(l-x_{\max})}{1 + j\,\mathrm{SWR} \tan\beta(l-x_{\max})}$　(7.108)

　正）$Z = Z_0 \dfrac{\mathrm{SWR} - j \tan\beta(l-x_{\max})}{1 - j\,\mathrm{SWR} \tan\beta(l-x_{\max})}$　(7.108)

8．p146 式(7.109)
　誤）$Z = Z_0 \dfrac{1 + j\,\mathrm{SWR} \tan\beta(l-x_{\min})}{\mathrm{SWR} + j \tan\beta(l-x_{\min})}$　(7.109)

　正）$Z = Z_0 \dfrac{1 - j\,\mathrm{SWR} \tan\beta(l-x_{\min})}{\mathrm{SWR} - j \tan\beta(l-x_{\min})}$　(7.109)

9．p160 式(A.88)
　誤）$Z_L = \dfrac{300^2}{200 + j150} = 288 + j216[\Omega]$　(A.88)

　正）$Z_L = \dfrac{300^2}{200 + j150} = 288 - j216[\Omega]$　(A.88)

7 電気・電子工学基礎 シリーズ

電気回路

山田博仁 [著]

朝倉書店

電気・電子工学基礎シリーズ　編集委員

編集委員長	**宮城　光信**	東北大学名誉教授
編集幹事	**濱島高太郎**	東北大学教授
	安達　文幸	東北大学教授
	吉澤　　誠	東北大学教授
	佐橋　政司	東北大学教授
	金井　　浩	東北大学教授
	羽生　貴弘	東北大学教授

序

　電気・電子工学系の学生にとって，電気回路学と電磁気学は必修であろう．これらは別の学問ではなく，電気回路学は電磁気学の一分野を構成しており，電磁気学の法則をある条件のもとに適用して構築されたものである．つまり，電気回路学で扱う各種の法則や定理は，その歴史的な経緯は別としても，マクスウェル方程式をはじめとする電磁気学の諸法則の中に集約されており，それらから逆に導出できる．定常状態での電気磁気現象を扱うものが直流回路であり，準定常状態を扱うものが交流回路や過渡現象論である．また，分布定数回路や伝送線路も，回路素子の大きさや電気配線の長さが，交流電場の波長と同程度以上になった場合について扱うものである．つまり，電磁気学の中から，現代社会の生活に不可欠な電気現象を抜き出して，より深く理解し，系統的に扱うために構築された学問が電気回路学といえよう．したがって，電気回路学と電磁気学を別の科目としてとらえるのではなく，両者を1つの科目として関連付けて学ぶ方が効率的であるし，より理解が深まるに違いない．しかし，電気回路学の教科書の多くは，電気回路の計算方法に重きが置かれ，現象の物理的意味についてはあまり書かれていない．本書は電気回路学の教科書ではあるが，特に電磁気学との関係が明確になるよう努力をした．電気回路学の教科書の中に現れる様々な仮定や現象の物理的意味について，電磁気学に立ち返って，その物理的意味について詳しく述べるようにしている．そのため1章は，電気回路学で用いる諸法則を電磁気学の基本法則から導出することから始めたが，そのあたりの話に興味がない方は，2章から読み始めていただいても問題はない．

　本書は，情報コースの大学2年生を対象とした電気回路学の講義ノートをもとに執筆したので，大学の電気系学部生を対象とした電気回路学の教科書として最低限習得すべき内容のみに限定している．したがって，複雑な回路網を解析するために必要な「グラフ理論」の基礎や，スイッチを入れた回路の状態が定常状態に落ち着くまでの過渡的現象を扱った「過渡現象論」，電気回路の教科

書には必ず含まれ，電気回路特有の計算手法を扱う「ラプラス変換」，また電力系を目指す学生にとっては不可欠の「三相交流」などは含まれていない．したがってそれらは本書を勉強された後，必要に応じて他の教科書などで補っていただきたい．また，限られた紙面の中で例題や演習問題などはあまり多くを載せることはできなかったが，それらについても多くの演習問題集が出版されているので，そちらを参考にしていただきたい．

本書の執筆にあたっては，特に大野克郎，西哲生両先生が著された電気回路学の教科書「大学課程電気回路(1)」(オーム社) および喜安善市，斎藤伸自両先生が著された教科書「電気工学基礎講座6 電気回路─三相・過渡現象・線路─」(朝倉書店) をたいへん参考にさせていただきました．また，1章の電磁気学からの基本法則の導出においては，砂川重信先生の著された電磁気学の名著「理論電磁気学」(紀伊國屋書店) および「物理テキストシリーズ4 電磁気学」(岩波書店) をたいへん参考にさせていただきました．

電気回路学を学ぶ皆さんが，電気回路学の教科書で現れる多くの法則や定理，様々な仮定や近似の意味や妥当性について疑問を抱かれたとき，電磁気学に立ち返って考え，理解していただけるようになっていただければ，本書の意図は達成されたといえる．

本稿をまとめるにあたり，東北大学で共に電気回路学の講義を担当し，本稿をご査読いただき有益なコメントをいただきました石山和志教授，梅村晋一郎教授，宮下哲哉准教授に感謝します．

また，本書を執筆する機会をいただき，原稿を完成させるまでいろいろと励ましていただきました東北大学名誉教授・仙台電波高等専門学校校長，宮城光信先生に感謝します．

最後に，本書の出版にあたり多くのご苦労をいただいた朝倉書店の方々に厚くお礼申し上げる．

2008年7月

山 田 博 仁

目　　次

1. **電気回路の基本法則** ………………………………………………… 1
   - 1.1　電気回路の基本法則 ……………………………………………… 1
     - a.　オームの法則 ………………………………………………… 1
     - b.　キルヒホッフの法則 ………………………………………… 4
   - 1.2　準定常電流 ………………………………………………………… 7
     - a.　準定常電流での基本式 ……………………………………… 7
     - b.　隣接したコイルに対しての式 ……………………………… 8

2. **回 路 素 子** …………………………………………………………… 13
   - 2.1　線形回路素子 ……………………………………………………… 13
     - a.　抵 抗 器 ……………………………………………………… 13
     - b.　コ イ ル ……………………………………………………… 14
     - c.　キャパシタ …………………………………………………… 15
     - d.　変 成 器 ……………………………………………………… 16
     - e.　電 圧 源 ……………………………………………………… 18
     - f.　電 流 源 ……………………………………………………… 19
   - 2.2　回路素子の接続 …………………………………………………… 20
     - a.　抵抗器の接続 ………………………………………………… 20
     - b.　コイルの接続 ………………………………………………… 21
     - c.　キャパシタの接続 …………………………………………… 23
   - 2.3　電　　　力 ………………………………………………………… 24
   - 2.4　直 流 回 路 ………………………………………………………… 26
     - a.　抵 抗 回 路 …………………………………………………… 26
     - b.　抵抗器で消費される電力と電力量 ………………………… 27
     - c.　直流電源と抵抗負荷で消費される電力 …………………… 28

2.5 RLC 直列回路 ………………………………………… 29

3. 交流回路 ……………………………………………… 32
3.1 交 流 ……………………………………………… 32
   a. 正弦波交流 ………………………………………… 32
   b. 交流の複素数表示 ………………………………… 33
   c. フェーザ表示による演算 ………………………… 35
   d. フェーザ表示による交流回路の扱い …………… 37
3.2 イミタンスの接続 ………………………………… 39
   a. インピーダンスの直列接続 ……………………… 39
   b. インピーダンスの並列接続 ……………………… 40
3.3 複素インピーダンス ……………………………… 41
3.4 電 力 ……………………………………………… 42
   a. 交流における電力 ………………………………… 42
   b. 皮相電力と力率 …………………………………… 44
   c. 無 効 電 力 ………………………………………… 44
   d. 複 素 電 力 ………………………………………… 45
   e. 最大供給電力 ……………………………………… 46
3.5 フェーザ図 ………………………………………… 48
   a. フェーザ図 ………………………………………… 48
   b. 各種回路のフェーザ図 …………………………… 50
   c. フェーザ軌跡 ……………………………………… 53
   d. フェーザ軌跡の写像 ……………………………… 55

4. 回路方程式 …………………………………………… 62
4.1 閉路電流法 ………………………………………… 62
4.2 節点電位法 ………………………………………… 63
4.3 回路の相反性 ……………………………………… 66

目次

5. 線形回路において成り立つ諸定理 …… 67
- 5.1 線形回路 …… 67
- 5.2 重ね合わせの理 …… 68
- 5.3 回路の双対性 …… 72
- 5.4 逆回路と定抵抗回路 …… 74
- 5.5 相反定理 …… 76
- 5.6 等価電源の定理 …… 79
- 5.7 補償定理 …… 82

6. 二端子対回路 …… 87
- 6.1 二端子対回路 …… 87
- 6.2 インピーダンス行列 …… 88
  - a. インピーダンスパラメータ …… 88
  - b. インピーダンスパラメータの求め方 …… 88
  - c. 二端子対網の直列接続 …… 90
- 6.3 アドミタンス行列 …… 92
  - a. アドミタンスパラメータ …… 92
  - b. アドミタンスパラメータの求め方 …… 92
  - c. 二端子対網の並列接続 …… 94
- 6.4 縦続行列 …… 96
  - a. F パラメータ …… 96
  - b. F パラメータの求め方 …… 97
  - c. 入出力を逆にした二端子対回路に対する縦続行列 …… 99
  - d. 二端子対回路の縦続接続 …… 99
- 6.5 ハイブリッド行列 …… 101
- 6.6 諸行列間の関係 …… 102
- 6.7 Δ–Y 変換 …… 102
- 6.8 伝送的性質 …… 105

7. 分布定数回路 111
7.1 分布定数回路とは 111
7.2 伝送線路 112
7.3 伝送方程式の定常解 115
7.4 波の伝搬 117
7.5 線路の行列表現 118
7.6 線路端条件による電圧・電流分布 121
  a. 半無限長線路 121
  b. インピーダンス Z_0 の負荷で終端した場合 122
  c. 受電端を短絡した場合 122
  d. 受電端を開放した場合 124
7.7 波の反射と定在波 126
7.8 反射係数 126
7.9 各種線路 129
  a. 理想線路 (無損失線路) 129
  b. 減衰極小条件と無歪線路 130
  c. 分布 RC 線路 132
  d. 装荷線路と無装荷線路 132
7.10 複合線路 133
  a. 線路の接続点での反射と透過 133
  b. 3 種類の線路の縦続接続 135
  c. 複合線路と縦続行列 138
  d. インピーダンス整合 139
7.11 無損失線路上での電圧, 電流 140
  a. 線路の伝送式 140
  b. 線路上の電圧, 電流の円線図 141
  c. 定在波比 144

演習問題解答 147
索引 163

1 電気回路の基本法則

　電気回路の基本法則はマクスウェル方程式をはじめとする電磁気学の体系の中に集約されている．したがって，電磁気学の諸法則から導くことができる．本章では，電気回路におけるオームの法則やキルヒホッフの法則，インダクタンスの表式などを，電磁気学における諸法則から導くことから始める．そうすることにより，電気回路で扱う諸法則や定理の意味，直流回路や交流回路，分布定数回路における様々な仮定や近似の意味を理解できるものと思う．

1.1 電気回路の基本法則

a. オームの法則

　電磁気学の諸法則は，マクスウェル方程式をはじめとする一連の方程式系として整理されており，特に定常状態における電磁現象は，以下の5つの式によって記述できる．ここで $\boldsymbol{E}(\boldsymbol{x})$ は場所 $\boldsymbol{x}$ における電界を，$\boldsymbol{H}(\boldsymbol{x})$ は磁界を，$\boldsymbol{i}(\boldsymbol{x})$ は電流密度を，$\boldsymbol{D}(\boldsymbol{x})$ は電束密度を，$\rho(\boldsymbol{x})$ は電荷密度を，そして $\boldsymbol{B}(\boldsymbol{x})$ は磁束密度を表している．最初の4式は時間依存項を無視したいわゆる定常状態におけるマクスウェル方程式であり，5番目の式は広義のオームの法則であり，電流密度と電界の強さを局所的に関係付けている式である．

$$\mathrm{rot}\,\boldsymbol{E}(\boldsymbol{x}) = 0 \tag{1.1}$$

$$\mathrm{rot}\,\boldsymbol{H}(\boldsymbol{x}) = \boldsymbol{i}(\boldsymbol{x}) \tag{1.2}$$

$$\mathrm{div}\,\boldsymbol{D}(\boldsymbol{x}) = \rho(\boldsymbol{x}) \tag{1.3}$$

$$\mathrm{div}\,\boldsymbol{B}(\boldsymbol{x}) = 0 \tag{1.4}$$

$$\boldsymbol{i}(\boldsymbol{x}) = \sigma \boldsymbol{E}(\boldsymbol{x}) \tag{1.5}$$

式 (1.1) から，

$$E(x) = -\operatorname{grad} \phi(x) \tag{1.6}$$

の関係が成り立つ．この式は電界と電位勾配 $\phi(x)$ とを関係付ける式であり，負号を付けたのは，電位が下降する向きを電界の正方向にとったためである．また式 (1.2) から，

$$\operatorname{div} i(x) = 0 \tag{1.7}$$

が導かれるが，この式は電荷保存則の式において時間依存項を無視したものでもあり，つまり定常電流の保存則である．

電位差のある 2 点間には，式 (1.6) に基づいた電界が生じており，そこに電気を通しやすい良導体があると，電界によって導体中の電子が力を受けて移動し，式 (1.5) に基づく電流が流れる．この場合，電流の大きさは電界の強さに比例し，その比例定数が導電率 σ である．したがって式 (1.5) と式 (1.6) により，

$$i(x) = -\sigma \operatorname{grad} \phi(x) \tag{1.8}$$

と表される．図 1.1 に示すような断面積 ΔS の導体を考え，導体内の長さ Δx の微小領域にこの式を適用すると，

$$i = -\sigma \frac{\Delta \phi}{\Delta x} \tag{1.9}$$

となる．ここで $\Delta \phi$ は微小領域両端の電位差である．導体を流れる電流 I は，$I = i \Delta S$ であり，

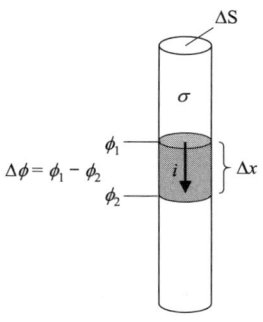

図 **1.1** 導体の微小領域を流れる電流と電位

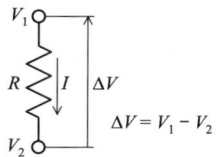

図 1.2 抵抗を流れる電流と電圧の関係

$$\Delta R = \frac{1}{\sigma}\frac{\Delta x}{\Delta S} \tag{1.10}$$

と置くと，

$$-\Delta \phi = \Delta R I \tag{1.11}$$

の関係が得られる．この式は導体内の微小領域を流れる電流と，その両端の電位差とを関係付けており，**オームの法則**と呼ばれている．ここで比例定数の ΔR は微小領域の電気抵抗であり，その単位は**オーム** [Ω] である．また上式には負号が付いていることから，電位の上昇方向と電流の方向は逆である．つまり，式 (1.6) で負号を付けたことは，電流を電位の高い所から低い所に向かって流れるように定義したことになる．

これを電気回路の表現に置き換えると，図 1.2 に示すように，抵抗の両端の電位差を $\Delta V = V_1 - V_2$ $(V_1 > V_2)$ としたとき，抵抗に流れる電流の強さ I は電位差 ΔV に比例し，

$$I = \frac{\Delta V}{R}$$

の関係があり，これが電気回路における**オームの法則**である．ここで R は**抵抗値**であり，単位はオーム [Ω] である．電流の単位には**アンペア** [A] が，電位差 (電圧ともいう) の単位には**ボルト** [V] が用いられる．

このように書くと，電気回路におけるオームの法則は，電磁気学から当然のように導かれたと誤解されてしまうが，歴史的にはドイツの物理学者 Georg Simon Ohm により実験的に発見されたものであり，Ohm による実験結果に基づいて，電磁気学の体系の中に式 (1.5) の形で現象論的に組み込まれたものである．

電流の大きさは，単位時間に移動する電荷量としても定義される．つまり，1 秒間に 1 クーロン [C] の電荷量の移動がある場合を 1 [A] と定義する．

b. キルヒホッフの法則

図 1.3 に示すような導体の分岐点に，式 (1.7) の定常電流の保存則を適用してみる．分岐点を囲む任意の閉曲面 S を考え，S によって囲まれる領域 V 内で式 (1.7) を積分すると，

$$\int_V \operatorname{div} \boldsymbol{i}(\boldsymbol{x}) dV = \int_S \boldsymbol{i}(\boldsymbol{x}) \cdot \boldsymbol{n}(\boldsymbol{x}) dS = 0 \tag{1.12}$$

となる．ここで $\boldsymbol{n}(\boldsymbol{x})$ は，閉曲面 S における単位法線ベクトルであり，最初の等号は閉曲面 S とそれによって囲まれる領域 V に対してガウスの定理を適用した結果である．式 (1.12) によれば，閉曲面 S から流れ出る電流の和は 0 となり，図 1.3 の場合においては，

$$I = I_1 + I_2 + I_3 \tag{1.13}$$

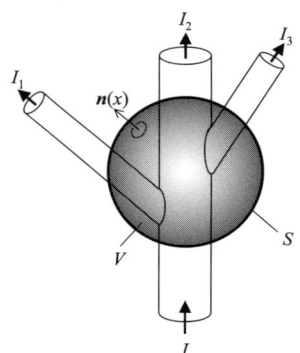

図 1.3 導体の分岐

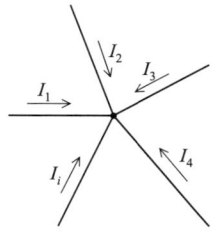

図 1.4 回路の分岐点

が成立する．電気回路においてこのことは，図 1.4 に示すような任意の回路の分岐点において，その点に流入する電流および流出する電流の代数和は 0 となることを意味する．すなわち，

$$\sum_i I_i = 0 \tag{1.14}$$

であり，これを**キルヒホッフの第一法則**と呼んでいる．

次に，図 1.5 に示すような閉じた導体回路 (閉回路) を考える．閉回路に絶え間なく電流を流し続けるためには，超伝導回路でもない限りは回路内に起電力が必要である．電磁気学においては，式 (1.5) に起電力を表す項 $\boldsymbol{E}^{ex}$ を新たに付加して，

$$\boldsymbol{i}(\boldsymbol{x}) = \sigma\{\boldsymbol{E}(\boldsymbol{x}) + \boldsymbol{E}^{ex}(\boldsymbol{x})\} \tag{1.15}$$

とした式を考える．したがって，

$$\frac{1}{\sigma}\boldsymbol{i}(\boldsymbol{x}) = \boldsymbol{E}(\boldsymbol{x}) + \boldsymbol{E}^{ex}(\boldsymbol{x}) = -\operatorname{grad}\phi(\boldsymbol{x}) + \boldsymbol{E}^{ex}(\boldsymbol{x}) \tag{1.16}$$

となり，両辺を閉回路 C に沿って積分すると，

$$\frac{1}{\sigma}\int_C \boldsymbol{i}(\boldsymbol{r})\cdot d\boldsymbol{r} = -\int_C \operatorname{grad}\phi(\boldsymbol{r})\cdot d\boldsymbol{r} + \int_C \boldsymbol{E}^{ex}(\boldsymbol{r})\cdot d\boldsymbol{r} \tag{1.17}$$

となる．ここで，右辺第 1 項は周回積分によって 0 となるので，結局

$$\frac{1}{\sigma}\int_C \boldsymbol{i}(\boldsymbol{r})\cdot d\boldsymbol{r} = \int_C \boldsymbol{E}^{ex}(\boldsymbol{r})\cdot d\boldsymbol{r} \tag{1.18}$$

となる．右辺の起電力を，

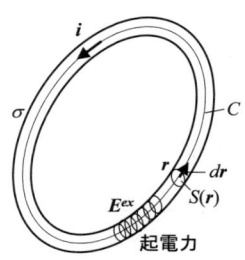

図 1.5　内部に起電力を有する閉じた導体回路

$$\sum \phi^{ex} = \int_C \boldsymbol{E}^{ex}(\boldsymbol{x}) \cdot d\boldsymbol{r} \tag{1.19}$$

と置き，導体回路内の場所 $\boldsymbol{r}$ における断面積を $S(\boldsymbol{r})$ とすると，その場所での電流密度 $i(r)$ は導体回路に流れる電流 I を用いて，

$$i(r) = \frac{I}{S(\boldsymbol{r})} \tag{1.20}$$

で表される．したがって式 (1.18) は，

$$I \int_C \frac{dr}{\sigma S(\boldsymbol{r})} = \sum \phi^{ex} \tag{1.21}$$

となる．左辺の積分は導体回路全体の電気抵抗 R である．つまり，上式の意味するところは，任意の閉回路において，閉回路に沿って一周したときの起電力の代数和は，その閉回路における電圧降下の代数和に等しい．すなわち，

$$\sum_i \phi_i^{ex} = \sum_j R_j I_j \tag{1.22}$$

である．これをキルヒホッフの第二法則と呼んでいる．RI が電圧降下を意味することは，前節に述べたオームの法則より明らかである．

電気回路においてこのことは図 1.6 に示すように，回路網の中の任意の閉回路に沿って一周したとき，その閉回路内にある起電力 (電源電圧) の代数和は，同じ閉回路内にある抵抗などでの電圧降下 (RI) の代数和に等しいことを意味する．つまり図の閉路においては，閉路に沿って時計回りに一周した場合，E_1

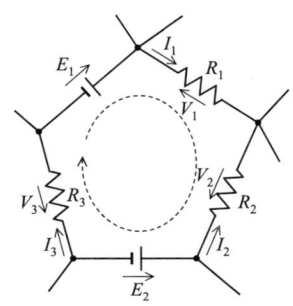

図 1.6　閉回路

と E_2 の2つの電圧源が存在するが，閉路を時計回りに回ると，電圧源 E_1 は周回方向と起電力 (電源電圧) の方向が同一であるが，電圧源 E_2 に関しては周回方向と起電力 (電源電圧) の方向が反対であるので，起電力の代数和としては，$E_1 - E_2$ である．

次に，電圧降下について見てみると，この閉路の中には抵抗が3個あり，それぞれの抵抗には図のような電流が流れているものとする．抵抗の両端では，1.1a 項のオームの法則のところで見たように，電流の流れる方向に RI だけ電圧が降下する．したがって，閉路を時計回りに回った場合，抵抗 R_1 での電圧降下は R_1I_1，抵抗 R_2 での電圧降下は周回方向と電流の方向が逆なので $-R_2I_2$，抵抗 R_3 での電圧降下は周回方向と電流の方向が同じなので $+R_3I_3$ となる．したがって，電圧降下の代数和は，$R_1I_1 - R_2I_2 + R_3I_3$ である．これが先に述べた起電力の代数和と等しいので，

$$E_1 - E_2 = R_1I_1 - R_2I_2 + R_3I_3 \tag{1.23}$$

となる．なお，これらキルヒホッフの法則は，線形でない回路でも成り立つ．

キルヒホッフの法則も，このように電磁気学の法則から導かれることを述べてきたが，Gustav Robert Kirchhoff は，James Clerk Maxwell に先行してこれらの法則を発見している．Kirchhoff はまた，黒体放射におけるキルヒホッフの放射法則でも知られているが，分光学，音響学，弾性論に関する研究も行っている．

1.2　準定常電流

a.　準定常電流での基本式

これまでに述べてきたように，電気回路における諸法則は，定常状態での電磁気学の法則から導くことができる．これはつまり，電流の空間分布が時間的に変化しない定常電流の場合であり，電気回路においてこれは直流回路を意味する．しかし，交流のように，回路を流れる電流の大きさが時間的に変化するときでも，その変化があまり急激でなければ，オームの法則が成り立つことが実験的に確かめられている．

式 (1.1) の元の形であるファラデーの電磁誘導の式には，磁界が時間的に変

化することによる効果が含まれている．また，式 (1.2) の元の形の式は，アンペール–マクスウェルの法則として知られているが，その式には変位電流項が存在する．ところが，オームの法則を導いたときに用いた式 (1.6) は，周りの磁界が変化しない静磁界を仮定しており，またキルヒホッフの第一法則を導いた式 (1.7) は式 (1.2) から導かれるが，これは変位電流項を無視している．

一般的に周波数が高くなると，電気回路で通常扱う電流 (伝導電流) に対してこの変位電流の寄与の割合が大きくなるが，導体内においては，ミリ波程度の高周波回路においてもこれを無視できることが知られている．この変位電流の効果を無視し得る伝導電流を電磁気学では準定常電流と呼び，電気回路学における交流回路はこの準定常電流の理論に基づいている．

変位電流を無視した場合，電磁気学の基本方程式は以下のようになる．

$$\mathrm{rot}\, \boldsymbol{E}(\boldsymbol{x},t) = -\frac{\partial \boldsymbol{B}(\boldsymbol{x},t)}{\partial t} \tag{1.24}$$

$$\mathrm{rot}\, \boldsymbol{H}(\boldsymbol{x},t) = \boldsymbol{i}(\boldsymbol{x},t) \tag{1.25}$$

$$\mathrm{div}\, \boldsymbol{D} = \rho(\boldsymbol{x},t) \tag{1.26}$$

$$\mathrm{div}\, \boldsymbol{B}(\boldsymbol{x},t) = 0 \tag{1.27}$$

$$\boldsymbol{i}(\boldsymbol{x},t) = \sigma\{\boldsymbol{E}(\boldsymbol{x},t) + \boldsymbol{E}^{ex}(\boldsymbol{x},t)\} \tag{1.28}$$

b. 隣接したコイルに対しての式

上に述べた準定常電流における基本法則を，図 1.7 に示すような 2 つの隣接した導体閉回路 (コイル) に適用してみる．ただし，コイルの太さは無視できるものとする．式 (1.28) を式 (1.24) に代入すると，

$$\mathrm{rot}\left\{\boldsymbol{E}^{ex}(\boldsymbol{x},t) - \frac{1}{\sigma}\boldsymbol{i}(\boldsymbol{x},t)\right\} = \frac{\partial \boldsymbol{B}(\boldsymbol{x},t)}{\partial t} \tag{1.29}$$

これを閉回路 C_1 によって囲まれた任意の閉曲面 S_1 上で面積分すると，

$$\int_{S_1} \mathrm{rot}\, \boldsymbol{E}^{ex}(\boldsymbol{x},t) \cdot \boldsymbol{n}(\boldsymbol{x})dS - \int_{S_1} \frac{1}{\sigma}\mathrm{rot}\, \boldsymbol{i}(\boldsymbol{x},t) \cdot \boldsymbol{n}(\boldsymbol{x})dS$$
$$= \frac{d}{dt}\int_{S_1} \boldsymbol{B}(\boldsymbol{x},t) \cdot \boldsymbol{n}(\boldsymbol{x})dS \tag{1.30}$$

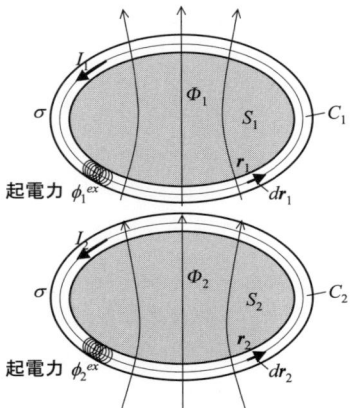

図 1.7 内部に起電力を有する導体閉回路

を得る. 左辺の第 1 項はストークスの定理により, 閉回路 C_1 上の線積分として,

$$\int_{S_1} \operatorname{rot} \boldsymbol{E}^{ex}(\boldsymbol{x},t) \cdot \boldsymbol{n}(\boldsymbol{x}) dS = \int_{C_1} \boldsymbol{E}^{ex}(\boldsymbol{r},t) \cdot d\boldsymbol{r} = \phi_1^{ex}(t) \qquad (1.31)$$

となる. 同様に第 2 項も,

$$-\int_{S_1} \frac{1}{\sigma} \operatorname{rot} \boldsymbol{i}(\boldsymbol{x},t) \cdot \boldsymbol{n}(\boldsymbol{x}) dS = -\int_{C_1} \frac{1}{\sigma} \boldsymbol{i}(\boldsymbol{r}_1,t) \cdot d\boldsymbol{r}_1 \qquad (1.32)$$

となり, 上式の右辺は, 1.1b 項の式 (1.18) 〜 (1.21) と同様の検討を行うと, 閉回路 C_1 による電圧降下を表していることが分かり,

$$\int_{C_1} \frac{1}{\sigma} \boldsymbol{i}(\boldsymbol{r}_1,t) \cdot d\boldsymbol{r}_1 = R_1 I_1(t) \qquad (1.33)$$

と書ける. R_1 は閉回路 C_1 の導体の全電気抵抗, I_1 は閉回路 C_1 を流れる電流である. また, 式 (1.30) の右辺の積分は閉曲面 S_1 を貫く磁束であり,

$$\Phi_1(t) = \int_{S_1} \boldsymbol{B}(\boldsymbol{x},t) \cdot \boldsymbol{n}(\boldsymbol{x}) dS \qquad (1.34)$$

と書くと, 結局式 (1.30) は,

$$\phi_1^{ex}(t) - R_1 I_1(t) = \frac{d\Phi_1(t)}{dt} \qquad (1.35)$$

となる．閉回路 C_2 に対しても同様な検討を行うと，

$$\phi_2^{ex}(t) - R_2 I_2(t) = \frac{d\Phi_2(t)}{dt} \tag{1.36}$$

が得られる．

　これらの式が意味するところは，もし右辺が 0 であれば，1.1b 項で述べた導体閉回路に対する式 (1.22) と同じであり，閉回路での電圧降下の和が起電力の和に等しいというキルヒホッフの第二法則を表しているが，右辺の項が付加されたことで，閉回路を貫く磁束に変化がある場合には，それは一種の起電力あるいは電圧降下と見なせることを示唆している．

　ところで，式 (1.34) の磁束 $\Phi_1(t)$ は，ベクトルポテンシャル $\boldsymbol{A}(\boldsymbol{x},t)$ を用いると以下のように書ける．

$$\begin{aligned}\Phi_1(t) &= \int_{S_1} \boldsymbol{B}(\boldsymbol{x},t) \cdot \boldsymbol{n}(\boldsymbol{x}) dS \\ &= \int_{S_1} \operatorname{rot}\boldsymbol{A}(\boldsymbol{x},t) \cdot \boldsymbol{n}(\boldsymbol{x}) dS = \int_{C_1} \boldsymbol{A}(\boldsymbol{r},t) \cdot d\boldsymbol{r}_1\end{aligned} \tag{1.37}$$

また，ベクトルポテンシャル $\boldsymbol{A}(\boldsymbol{x},t)$ は，

$$\boldsymbol{A}(\boldsymbol{x},t) = \frac{\mu}{4\pi} \int_{-\infty}^{+\infty} \frac{\boldsymbol{i}(\boldsymbol{x}',t)}{|\boldsymbol{x}-\boldsymbol{x}'|} d^3 x' \tag{1.38}$$

のように書けることが知られているが，電流が存在するのは，閉回路 C_1 と C_2 の内部に限られるから，

$$\boldsymbol{A}(\boldsymbol{x},t) = \frac{\mu I_1(t)}{4\pi} \int_{C_1} \frac{d\boldsymbol{r}_1}{|\boldsymbol{x}-\boldsymbol{r}_1|} + \frac{\mu I_2(t)}{4\pi} \int_{C_2} \frac{d\boldsymbol{r}_2}{|\boldsymbol{x}-\boldsymbol{r}_2|} \tag{1.39}$$

となる．したがって，

$$\Phi_1(t) = \frac{\mu I_1(t)}{4\pi} \int_{C_1} \int_{C_1} \frac{d\boldsymbol{r}_1 \cdot d\boldsymbol{r}_1'}{|\boldsymbol{r}_1-\boldsymbol{r}_1'|} + \frac{\mu I_2(t)}{4\pi} \int_{C_1} \int_{C_2} \frac{d\boldsymbol{r}_1 \cdot d\boldsymbol{r}_2}{|\boldsymbol{r}_1-\boldsymbol{r}_2|} \tag{1.40}$$

同様に，

$$\Phi_2(t) = \frac{\mu I_2(t)}{4\pi} \int_{C_2} \int_{C_2} \frac{d\boldsymbol{r}_2 \cdot d\boldsymbol{r}_2'}{|\boldsymbol{r}_2-\boldsymbol{r}_2'|} + \frac{\mu I_1(t)}{4\pi} \int_{C_2} \int_{C_1} \frac{d\boldsymbol{r}_2 \cdot d\boldsymbol{r}_1}{|\boldsymbol{r}_2-\boldsymbol{r}_1|} \tag{1.41}$$

である．ここで，

$$L_{11} = \frac{\mu}{4\pi} \int_{C_1} \int_{C_1} \frac{d\boldsymbol{r}_1 \cdot d\boldsymbol{r}'_1}{|\boldsymbol{r}_1 - \boldsymbol{r}'_1|}$$
$$L_{22} = \frac{\mu}{4\pi} \int_{C_2} \int_{C_2} \frac{d\boldsymbol{r}_2 \cdot d\boldsymbol{r}'_2}{|\boldsymbol{r}_2 - \boldsymbol{r}'_2|} \tag{1.42}$$

$$L_{12} = L_{21} = \frac{\mu}{4\pi} \int_{C_1} \int_{C_2} \frac{d\boldsymbol{r}_1 \cdot d\boldsymbol{r}_2}{|\boldsymbol{r}_1 - \boldsymbol{r}_2|} \tag{1.43}$$

と書くと，式 (1.40) および式 (1.41) はそれぞれ，

$$\begin{aligned}\Phi_1(t) &= L_{11}I_1(t) + L_{12}I_2(t) \\ \Phi_2(t) &= L_{22}I_2(t) + L_{21}I_1(t)\end{aligned} \tag{1.44}$$

と表される．したがって，この関係を式 (1.35) および式 (1.36) に代入すると，

$$\begin{aligned}\phi_1^{ex}(t) &= L_{11}\frac{dI_1(t)}{dt} + L_{12}\frac{dI_2(t)}{dt} + R_1 I_1(t) \\ \phi_2^{ex}(t) &= L_{22}\frac{dI_2(t)}{dt} + L_{21}\frac{dI_1(t)}{dt} + R_2 I_2(t)\end{aligned} \tag{1.45}$$

が得られる．これらが，2つの隣接したコイルに対する方程式となる．これらの式の物理的意味は，左辺はそれぞれのコイル内に存在する起電力であり，右辺の最後の項は，それぞれのコイルの電気抵抗 R_1, R_2 による電圧降下を表しており，これだけなら式 (1.22) と同じである．しかし，右辺の第 1 項が加わることにより，それぞれのコイルに流れる電流が時間的に変化する (交流の) 場合，それが電圧降下をもたらすことを意味している．つまり，コイルを流れる電流が増加 (減少) している瞬間は，そのコイルを貫く磁束も増加 (減少) しており，それに伴ってそれぞれのコイルの電流を減少 (増加) させるような逆起電力が働くことを意味する．これを**自己誘導現象**と呼んでおり，そのときの比例係数である L_{11}, L_{22} を**自己インダクタンス**という．これに対して右辺第 2 項は，他のコイルに流れる電流が増加 (減少) している瞬間は，そのコイルを貫く磁束が増加 (減少) し，それによって隣接した自分自身のコイルに飛び込んでくる磁束も増加 (減少) するので，それに伴ってコイルの電流を減少 (増加) させるような逆起電力が働くことを意味する．これを**相互誘導現象**と呼んでおり，そのときの比例係数である L_{12}, L_{21} を**相互インダクタンス**といい，電気回路では M な

どの記号で表される．

　自己インダクタンス L_{11}, L_{22} や相互インダクタンス L_{12}, L_{21} は，式 (1.42) および式 (1.43) から分かるように，それらのコイルの幾何学的形状と 2 つのコイルの相対配置，およびそれらが置かれた空間の透磁率 μ によって決まる．式 (1.42) より，$L_{11}, L_{22} > 0$ であることは明らかである．また式 (1.43) で，$L_{12} = L_{21}$ の関係が成り立つことをノイマンの相反定理と呼んでいるが，この性質は電磁気学の法則の時間反転性からくるものである．また，自己インダクタンスと相互インダクタンスとの間には，$L_{11}L_{22} \geq L_{12}^2$ の関係が成り立つことも分かり，等号は，双方のコイル内の電流が作る磁束の全てが，相手のコイルを貫いている密結合の場合である．したがって，

$$L_{12} = k\sqrt{L_{11}L_{22}} \tag{1.46}$$

と書けて，$|k| \leq 1$ を**結合係数**といい，$|k| = 1$，すなわち $L_{12}^2 = L_{11}L_{22}$ の場合を密結合という．

2 回路素子

本章では，電気回路を構成する基本的な回路素子，特に線形回路素子について述べる．「線形」の意味についてはここでよく理解しておいていただきたい．また，それらの回路素子を接続して回路を形成する場合の扱いについても述べる．さらに，電流の値が時間的に変化しない直流回路について述べる．空間分布が時間的に変化しない電流は，電磁気学では定常電流として扱われるが，電気回路においてこれは直流と呼ばれ，そのような電流を扱う直流回路は最も基本的な電気回路といえる．

2.1 線形回路素子

a. 抵抗器

抵抗器は電気回路における最も基本的な**回路素子**であり，図 2.1 に示す**回路記号**で表される．抵抗器は，電流を流しにくい材質に 2 つの電極を設け，そこから 2 つの**端子**を引き出した形の二端子素子 (一端子対素子) であり，素子に流れる電流 i と素子の両端の電圧 v との間には，その時々の時刻 t において次式の関係式が成り立つ．

$$v(t) = Ri(t) \qquad (2.1)$$

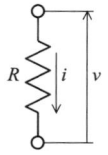

図 2.1　抵抗器の回路記号

ここで R は**抵抗値**で，単位には**オーム** [Ω] が用いられる．電圧の単位は**ボルト** [V]，電流の単位は**アンペア** [A] である．このとき，矢印の方向に流れる電流の値を正と定義すると，電流の流れる方向に**電圧降下**が生じるので，素子の両端では電流と反対方向に電位が上昇し，この方向を電圧の正方向と定義する．したがって，電流の流れる方向と電圧の正方向 (電位の上昇方向) は逆方向となる．

式 (2.1) が示すように，線形な抵抗器においては，素子に流れる電流のその時々の値 (**瞬時値**) と素子の両端の電圧の瞬時値とは比例定数 R によって比例関係にある．つまり，抵抗値 R は素子を流れる電流 i や素子の両端の電圧 v によらず一定である．このような回路素子を**線形回路素子**と呼び，線形回路素子のみによって構成される回路を，**線形電気回路**という．ところが，実際の抵抗器はその抵抗値 R が素子を流れる電流 i によって変化し，一般的には抵抗値は $R(i)$ として扱わなければならない．抵抗器は素子に電流が流れるとジュール熱が発生して温度が上昇し，抵抗値が増大する．このような場合，素子に流れる電流の値とその両端の電圧は比例せず，**非線形回路素子**としての扱いが必要になる．ただし，通常の電気回路では，そのような発熱による影響が無視できるほど小さい範囲で使用されることが多いので，線形と仮定 (線形近似) してもよい場合が多い．

抵抗器の値は，抵抗値 R の逆数の**コンダクタンス** G によって与えられることもあり，そのときは線形な抵抗器に流れる電流 i と素子の両端の電圧 v との間に次式の関係が成り立つ．

$$i(t) = Gv(t) \qquad (2.2)$$

コンダクタンスの単位には**ジーメンス** [S] や**モー** [℧] が用いられる．

R や G は通常の抵抗素子では正の値をとるが，これが負の値をとる場合には負性抵抗と呼ばれ，電力を発生する能動素子となる．

b. コイル

コイル，**インダクタ**などと呼ばれる回路素子は，導線などを巻線状にしたもので，図 2.2(a) に示す回路記号で表される．素子に流れる電流 i と素子の両端の電圧 v との間には次式の関係が成り立つ．

2.1 線形回路素子

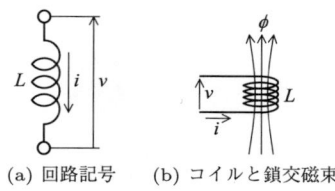

(a) 回路記号　　(b) コイルと鎖交磁束

図 2.2　コイル

$$v(t) = L\frac{di(t)}{dt} \tag{2.3}$$

ここで L はインダクタンスで，単位にはヘンリー [H] が用いられる．ここでも素子が線形，つまりインダクタンス L の値が素子を流れる電流 i や素子の両端の電圧 v によらず一定であることを仮定している．電流に対しての式で表すと，

$$i(t) = \frac{1}{L}\int v(t)dt \tag{2.4}$$

と書くこともでき，$\int$ は $\int_{t_0}^{t}$ の意味であり，t_0 は $i(t_0) = 0$ であるような任意の時刻である．

インダクタンスはコイルに蓄えられる電磁エネルギーにも関係しており，電流 i が作り，その電流と鎖交する磁束 (**鎖交磁束**. 図 2.2(b)) を $\phi(t)$ とすると，

$$\phi(t) = Li(t) \tag{2.5}$$

$$v(t) = \frac{d\phi(t)}{dt} \tag{2.6}$$

である．ここで，磁束の単位はウェーバ [Wb] である．

c.　キャパシタ

キャパシタ，コンデンサ，蓄電器などと呼ばれる回路素子は，2 枚の電極を向かい合わせたもので，図 2.3(a) の回路記号で表される．素子が線形であることを仮定すれば，素子に流れる電流 i と素子の両端の電圧 v との間には次式の関係が成り立つ．

$$v(t) = \frac{1}{C}\int i(t)dt \tag{2.7}$$

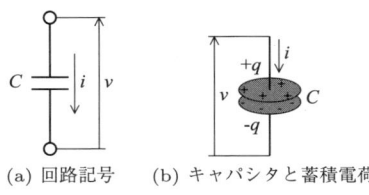

(a) 回路記号　　(b) キャパシタと蓄積電荷

図 2.3 キャパシタ

ここで C は**静電容量**(キャパシタンス)で，単位には**ファラド** [F] が用いられる．$\int$ は $\int_{t_0}^{t}$ の意味であり，t_0 は $v(t_0) = 0$ であるような任意の時刻である．電流に対しての式で表すと，

$$i(t) = C\frac{dv(t)}{dt} \tag{2.8}$$

と書くこともできる．

　静電容量はキャパシタに蓄えられる静電エネルギーにも関係しており，電流 i とキャパシタに蓄えられる**電荷量** q (図 2.3(b)) との関係は，

$$q(t) = Cv(t) \tag{2.9}$$

$$i(t) = \frac{dq(t)}{dt} \tag{2.10}$$

である．ここで，電荷量の単位は**クーロン** [C] である．

d. 変成器

　変成器は，**変圧器**や**トランス**(transformer) などとも呼ばれており，複数個のコイルが電磁誘導によって結合した素子である．2 つのコイルが結合した場合の変成器については一般的には 4 つの端子を備える四端子素子 (二端子対素子) となり，図 2.4(a) の回路記号で表される．ここで L_1, L_2 は，各々一次コイル，二次コイルの**自己インダクタンス**，M は両コイル間の**相互インダクタンス**で，単位はいずれもヘンリー [H] である．L_1, L_2 に関しては 1.2b 項で述べたように負となることはないが，M については 2 つのコイルの導線の巻き方によって，あるいは端子の極性のとり方によっては，正にも負にもなり得る．

　変成器の端子電圧，電流の間には 1.2b 項で述べたように，次式の関係が成り

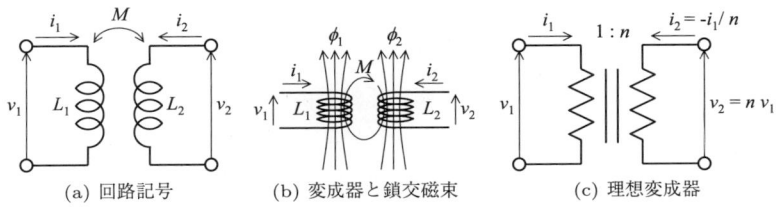

図 2.4 変成器

立つ．ただし，コイルの導線抵抗を無視している．

$$
\begin{aligned}
v_1(t) &= L_1 \frac{di_1(t)}{dt} + M \frac{di_2(t)}{dt} \\
v_2(t) &= L_2 \frac{di_2(t)}{dt} + M \frac{di_1(t)}{dt}
\end{aligned}
\quad (2.11)
$$

磁束について表すと，

$$
\begin{aligned}
\phi_1(t) &= L_1 i_1(t) + M i_2(t) \\
\phi_2(t) &= L_2 i_2(t) + M i_1(t) \\
v_1(t) &= \frac{d\phi_1(t)}{dt} \\
v_2(t) &= \frac{d\phi_2(t)}{dt}
\end{aligned}
\quad (2.12)
$$

なる関係がある．ここで ϕ_1, ϕ_2 は各々コイル 1, 2 の鎖交磁束であり，$L_1 i_1$ は，コイル 1 を流れる電流 i_1 が作る磁束のうちでコイル 1 のみと鎖交する磁束，$L_2 i_2$ は，コイル 2 を流れる電流 i_2 が作る磁束のうちでコイル 2 のみと鎖交する磁束，$M i_1$ は，コイル 1 を流れる電流 i_1 が作る磁束のうちでコイル 1 と 2 を共に鎖交する磁束，$M i_2$ は，コイル 2 を流れる電流 i_2 が作る磁束のうちでコイル 1 と 2 を共に鎖交する磁束である (図 2.4(b))．

1.2b 項で述べたように，L_1, L_2, M の間には $L_1 L_2 \geq M$ の関係があり，$M = k\sqrt{L_1 L_2}$ として結合係数 $k(|k| \leq 1)$ が定義できる．$|k| = 1$，すなわち $L_1 L_2 = M^2$ の密結合の場合は式 (2.11) より，

$$
v_2(t) = L_2 \frac{di_2(t)}{dt} + M \frac{di_1(t)}{dt} = \frac{M}{L_1}\left\{ M \frac{di_2(t)}{dt} + L_1 \frac{di_1(t)}{dt} \right\} = \frac{M}{L_1} v_1(t)
\quad (2.13)
$$

となり，v_1 と v_2 は常に比例関係にある．つまり，$v_2(t) = nv_1(t)$ と書ける．n は，2つのコイルの巻線数の比でもある．

このように，2つの端子の電圧の間に比例関係がある変成器を，**理想変成器**あるいは**理想変圧器**といい，図 2.4(c) に示す回路記号で表す．なお理想変成器では，両端子に流れる電流の間にも常に，$i_1 + ni_2 = 0$ の関係が成り立っている．

e. 電 圧 源

抵抗器やコイル，キャパシタなどの線形回路素子は，それ自身では回路に持続的に電流を流す能力を持たないので，**受動素子**と呼ばれる．したがって，回路に持続的に電流を流すためには，電流を流そうとする**起電力**が必要となる．電源などの起電力を有する素子を**能動素子**と呼ぶ．電源には，本項で述べる電圧源と，次項で述べる電流源がある．電圧が $e(t)$ の**電圧源**(理想電圧源) は図 2.5 に示すような各種の回路記号で表され，端子に接続される外部回路に関係なく，端子間の電圧が $v(t) = e(t)$ となるような回路素子である．図 2.5(a), (b) は，電源電圧が時間に対して一定な直流電圧源であり，図 2.5(c) は電源電圧が正弦波で時間的に変化する交流電圧源である．ここで示した電圧源は，内部抵抗あるいは内部インピーダンス (インピーダンスの意味については 3 章を参照) の値が 0 のあくまで理想的なものであるが，実際の電圧源には必ず内部抵抗あるいは内部インピーダンスが存在するので，端子電圧は端子に接続される外部回路に依存する．理想電圧源の場合，その端子間を短絡することは許されない．なぜなら理想電圧源というものは，その端子に接続される外部回路に関係なく，端子間の電圧を常に電源電圧に保つものとして定義されているが，端子間を短絡することは，端子間電圧を 0 にすることであり，論理的に矛盾が生じるから

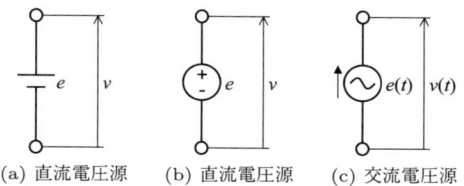

(a) 直流電圧源　　(b) 直流電圧源　　(c) 交流電圧源

図 **2.5**　各種電圧源の回路記号

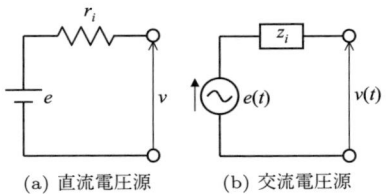

図 2.6　内部抵抗あるいは内部インピーダンスを有する電圧源

である．したがって現実的には電圧源は，内部抵抗 r_i あるいは内部インピーダンス z_i を伴う形で図 2.6(a) あるいは (b) に示すように記述される．

f. 電　流　源

　端子に接続される外部回路に関係なく，端子電流が $i(t) = j(t)$ となるような回路素子を**電流源**(理想電流源)といい，図 2.7 に示す回路記号で表される．ここで示した電流源は，内部インピーダンス (内部抵抗) の値が無限大のあくまで理想的なものであるが，実際の電流源には必ず有限の値の内部インピーダンスが存在するので，端子に接続される外部回路に端子電流が依存する．理想電流源の場合，その端子間を開放することは許されない．なぜなら，理想電流源というものは，その端子に接続される外部回路に関係なく，端子電流を常に電源電流に保つものとして定義されているが，端子間を開放することは，端子電流を 0 にすることであり，論理的に矛盾が生じるからである．したがって現実的には電流源は，内部抵抗 r_i あるいは内部インピーダンス z_i(内部アドミタンス y_i) を伴う形で図 2.8(a) あるいは (b) に示すように記述される (アドミタンスの意味についても 3 章を参照)．

　ところで，図 2.6(a) と図 2.8(a) および図 2.6(b) と図 2.8(b) の電源回路は，

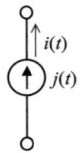

図 2.7　電流源の回路記号

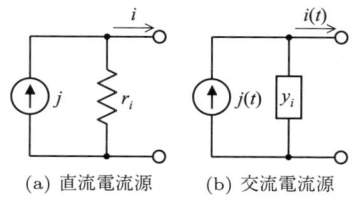

(a) 直流電流源　　(b) 交流電流源

図 2.8　内部抵抗あるいは内部インピーダンス (アドミタンス) を有する電流源

各々 $j = e/r_i$ および $y_i = 1/z_i$, $j(t) = e(t)/z_i$ の関係のもとでは**等価**となる.

2.2　回路素子の接続

a.　抵抗器の接続

図 2.9(a) に示すように, 抵抗器 R_1, R_2 を**直列接続**した場合, 各々の素子を流れる電流は, 途中に分岐などがない限りキルヒホッフの第一法則によって等しいことが分かり, この値を i とすると, 抵抗 R_1 の両端の電圧 v_1 はオームの法則より $v_1 = R_1 i$, 抵抗 R_2 の両端の電圧 v_2 は $v_2 = R_2 i$ となる. したがって, 直列接続された素子の両端の電圧 v は,

$$v = v_1 + v_2 = R_1 i + R_2 i = (R_1 + R_2) i \tag{2.14}$$

となり, したがって**合成抵抗**の値は $R_1 + R_2$ となる.

また, 抵抗 R_1, R_2 の両端の電圧 v_1, v_2 はそれぞれ $\frac{R_1}{R_1+R_2}v$, $\frac{R_2}{R_1+R_2}v$ とな

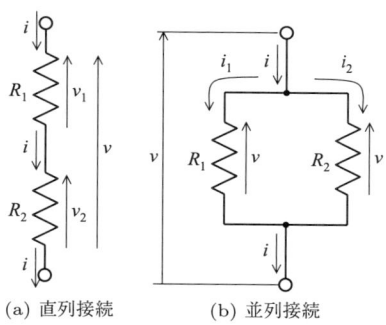

(a) 直列接続　　(b) 並列接続

図 2.9　抵抗器の接続

り，直列接続された各抵抗器の両端の電圧は，各素子の抵抗値に応じて比例配分されることが分かる．

次に図 2.9(b) に示すように，抵抗器 R_1, R_2 を **並列接続** した場合，各々の素子の両端の電圧は，キルヒホッフの第二法則から等しいことが分かり，この値を v とすると，抵抗 R_1, R_2 に流れる電流 i_1, i_2 はオームの法則より，それぞれ $i_1 = v/R_1, i_2 = v/R_2$ となる．したがって，並列接続された素子全体に流れる電流 i は，素子の接続点にキルヒホッフの第一法則を適用して，

$$i = i_1 + i_2 = \frac{v}{R_1} + \frac{v}{R_2} = v\left(\frac{1}{R_1} + \frac{1}{R_2}\right) \tag{2.15}$$

となり，したがって合成抵抗の値は $\frac{1}{1/R_1+1/R_2}$ となる．

また，抵抗 R_1, R_2 に流れる電流 i_1, i_2 はそれぞれ $\frac{1/R_1}{1/R_1+1/R_2}i, \frac{1/R_2}{1/R_1+1/R_2}i$ となり，並列接続された各抵抗に流れる電流は，各素子の抵抗値に逆比例して分配されることが分かる．

抵抗器の並列接続の場合，抵抗値の代わりにその逆数であるコンダクタンスを用いるとより簡単になる．つまり，コンダクタンスの値が G_1, G_2 の抵抗を並列接続した場合，各々の素子の両端の電圧は共通で，この値を v とすると，コンダクタンス G_1, G_2 に流れる電流 i_1, i_2 は，それぞれ $i_1 = G_1 v, i_2 = G_2 v$ となる．したがって，並列接続された素子全体に流れる電流 i は，

$$i = i_1 + i_2 = G_1 v + G_2 v = (G_1 + G_2)v \tag{2.16}$$

となり，したがって合成コンダクタンスの値は $G_1 + G_2$ となる．また，並列接続されたコンダクタンスに流れる電流は，各素子のコンダクタンスの値に応じて比例配分されることも分かる．

b. コイルの接続

図 2.10(a) に示すように，コイル L_1, L_2 を直列接続した場合，各々の素子を流れる電流は共通で，この値を i とすると，コイル L_1, L_2 の両端の電圧 v_1, v_2 は，それぞれ $v_1 = L_1 \frac{di}{dt}, v_2 = L_2 \frac{di}{dt}$ となる．したがって，直列接続された素子の両端の電圧 v は，

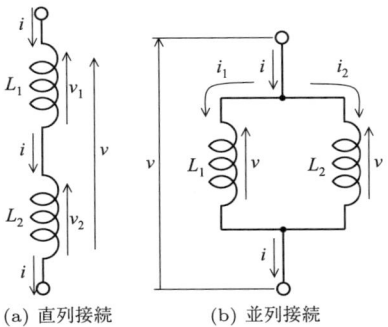

(a) 直列接続　　(b) 並列接続

図 2.10　コイルの接続

$$v = v_1 + v_2 = L_1 \frac{di}{dt} + L_2 \frac{di}{dt} = (L_1 + L_2) \frac{di}{dt} \tag{2.17}$$

となり，したがって合成インダクタンスの値は $L_1 + L_2$ となる．ただしこの場合，2つのコイル間には電磁誘導結合がないものとしている (2つのコイル間に電磁誘導結合がある場合には，相互インダクタンスを考慮する必要がある)．

また，コイル L_1, L_2 の両端の電圧 v_1, v_2 はそれぞれ $\frac{L_1}{L_1+L_2}v$, $\frac{L_2}{L_1+L_2}v$ となり，直列接続された各コイルの両端の電圧は，各素子のインダクタンスの値に応じて比例配分されることが分かる．

次に図 2.10(b) に示すように，コイル L_1, L_2 を並列接続した場合，各々の素子の両端の電圧は共通で，この値を v とすると，コイル L_1, L_2 に流れる電流 i_1, i_2 は，それぞれ $i_1 = \frac{1}{L_1}\int vdt$, $i_2 = \frac{1}{L_2}\int vdt$ となる．したがって，並列接続された素子全体に流れる電流 i は，

$$i = i_1 + i_2 = \frac{1}{L_1}\int vdt + \frac{1}{L_2}\int vdt = \left(\frac{1}{L_1} + \frac{1}{L_2}\right)\int vdt \tag{2.18}$$

となり，合成インダクタンスの値は $\frac{1}{1/L_1+1/L_2}$ となる．

また，コイル L_1, L_2 に流れる電流 i_1, i_2 はそれぞれ $\frac{1/L_1}{1/L_1+1/L_2}i$, $\frac{1/L_2}{1/L_1+1/L_2}i$ となり，並列接続された各コイルに流れる電流は，各素子のインダクタンスの値に逆比例して分配されることが分かる．

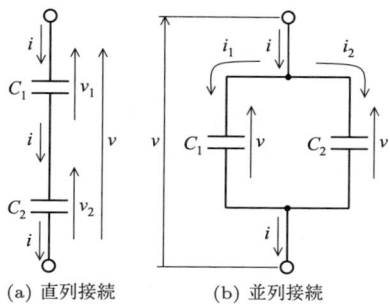

図 **2.11** キャパシタの接続

c. キャパシタの接続

図 2.11(a) に示すように,キャパシタ C_1, C_2 を直列接続した場合,各々の素子を流れる電流は共通で,この値を i とすると,キャパシタ C_1, C_2 の両端の電圧 v_1, v_2 は,それぞれ $v_1 = \frac{1}{C_1}\int i dt$, $v_2 = \frac{1}{C_2}\int i dt$ となる.したがって,直列接続された素子の両端の電圧 v は,

$$v = v_1 + v_2 = \frac{1}{C_1}\int i dt + \frac{1}{C_2}\int i dt = \left(\frac{1}{C_1}+\frac{1}{C_2}\right)\int v dt \qquad (2.19)$$

となり,合成静電容量の値は $\frac{1}{1/C_1+1/C_2}$ となる.

また,キャパシタ C_1, C_2 の両端の電圧 v_1, v_2 はそれぞれ $\frac{1/C_1}{1/C_1+1/C_2}v$, $\frac{1/C_2}{1/C_1+1/C_2}v$ となり,直列接続された各キャパシタの両端の電圧は,各素子の静電容量の値に逆比例して分配されることが分かる.

次に図 2.11(b) に示すように,キャパシタ C_1, C_2 を並列接続した場合,各々の素子の両端の電圧は共通で,この値を v とすると,キャパシタ C_1, C_2 に流れる電流 i_1, i_2 は,それぞれ $i_1 = C_1\frac{dv}{dt}$, $i_2 = C_2\frac{dv}{dt}$ となる.したがって,並列接続された素子全体に流れる電流 i は,

$$i = i_1 + i_2 = C_1\frac{dv}{dt} + C_2\frac{dv}{dt} = (C_1+C_2)\frac{dv}{dt} \qquad (2.20)$$

となり,合成静電容量の値は $C_1 + C_2$ となる.

また,キャパシタ C_1, C_2 に流れる電流 i_1, i_2 はそれぞれ $\frac{C_1}{C_1+C_2}i$, $\frac{C_2}{C_1+C_2}i$ となり,並列接続された各キャパシタに流れる電流は,各素子の静電容量の値に応じて比例配分されることが分かる.

2.3 電力

図 2.12(a) に示すように,ある時刻 t に,ある回路素子に電圧 $v(t)$ が印加されており,そのとき素子に流れ込む電流が $i(t)$ であったとき,

$$p(t) = v(t)i(t) \tag{2.21}$$

で与えられる**電力**(**瞬時電力**)がその素子に流れ込んでいると見なされる.$p(t)$ が負となる場合には図 2.12(b) に示すように,回路素子から逆に電力が流れ出ていることを意味する.電力の単位には**ワット** [W] が用いられる.

回路素子が抵抗器 R の場合,

$$p_R(t) = v(t)i(t) = Ri^2(t) \tag{2.22}$$

となり,素子に流れ込む電力は常に正である.つまり,どの時刻においても常に電力は素子に流れ込む方向であり,素子から電力が流れ出てくる瞬間はない.つまり,抵抗器は一方的に電力を消費し,電力を生み出すことはない ($R < 0$ の負性抵抗の場合は,電力を生み出すことがある).

回路素子がコイル L の場合は,

$$p_L(t) = v(t)i(t) = \left(L\frac{di(t)}{dt}\right)i(t) = \frac{d}{dt}\left(\frac{1}{2}Li^2(t)\right) \tag{2.23}$$

となり,素子に流れ込む電力は,ある瞬間においては負となることがあり得る.つまり,素子から電力が流れ出てくる瞬間もある.

回路素子がキャパシタ C の場合は,

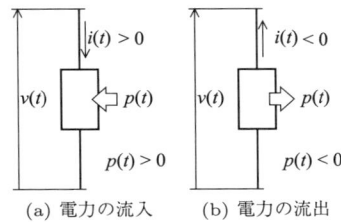

(a) 電力の流入　　(b) 電力の流出

図 2.12　素子に出入りする電力

$$p_C(t) = v(t)i(t) = v(t)\left(C\frac{dv(t)}{dt}\right) = \frac{d}{dt}\left(\frac{1}{2}Cv^2(t)\right) \tag{2.24}$$

となり，キャパシタの場合もコイルと同様に素子に流れ込む電力は，ある瞬間においては負となることがあり得る．つまり，素子から電力が流れ出てくる瞬間もある．

電力は単位時間 (1 秒間) 当たりに移動するエネルギーであり，その単位は [J/s] として表すこともできる．したがって，ある回路素子に時刻 t_1 から t_2 までの間に流れ込むエネルギー W は，

$$W = \int_{t_1}^{t_2} p(t)dt \tag{2.25}$$

であり，その単位はジュール [J] である．

式 (2.22) 〜 式 (2.24) および式 (2.5), (2.9) を用いると，R, L, C それぞれの素子に対して流れ込むエネルギーは，

$$W_R = \int_{t_1}^{t_2} p_R(t)dt = \int_{t_1}^{t_2} Ri^2(t)dt \tag{2.26}$$

$$W_L = \int_{t_1}^{t_2} p_L(t)dt = \frac{1}{2}L\{i^2(t_2) - i^2(t_1)\}$$

$$= \frac{1}{2L}\{\phi^2(t_2) - \phi^2(t_1)\} = \frac{1}{2}\{\phi(t_2)i(t_2) - \phi(t_1)i(t_1)\} \tag{2.27}$$

$$W_C = \int_{t_1}^{t_2} p_C(t)dt = \frac{1}{2}C\{v^2(t_2) - v^2(t_1)\}$$

$$= \frac{1}{2C}\{q^2(t_2) - q^2(t_1)\} = \frac{1}{2}\{q(t_2)v(t_2) - q(t_1)v(t_1)\} \tag{2.28}$$

となる．W_R は，時刻 t_1 と t_2 の間に抵抗 R において熱として消費されるエネルギーで，常に正であることが分かる．また W_L, W_C は各々時刻 t_1 と t_2 の間にコイルに蓄えられる**電磁エネルギー**，**静電エネルギー**であり，t_1 と t_2 の時間関係によってはそれぞれ正にも負にもなり得る．これらの素子に蓄えられるエネルギーが「負」ということは，素子からエネルギーが取り出されることを意味する．したがってこれらの素子においては，$i(t_1) = i(t_2)$ あるいは $v(t_1) = v(t_2)$ のときにエネルギーのやりとりが 0 となる．すなわち，これらの素子はエネルギーを消費することなく一時的に蓄えるだけであり，このような素子を**リアク**

タンス素子という．

ところで，これら R や L や C においては，$i(t_1) = 0$ あるいは $v(t_1) = 0$ であったならば，その後のいかなる時刻 t_2 においてでも W_R や W_L や W_C の値が負となることはない．このような回路素子を**受動素子**という．これに対して電源や，あるいはトランジスタや FET などのように，その等価回路の中に電源を含む形で表される素子は，W が持続的に負となる場合があり，電力を生み出すことから**能動素子**と呼ばれている．

2.4 直 流 回 路

a. 抵 抗 回 路

電圧や電流の値が時間に対して一定の場合を**直流**といい，そのような直流のみを扱う回路を**直流回路**という．直流回路は一般的に，抵抗器と直流電圧源あるいは直流電流源のみからなる．つまり，理想的なコイルは直流においては，素子を流れる電流の値が変化しないので，式 (2.3) よりその両端の電圧は常に 0 となり，短絡されているものと見なすことができる．一方キャパシタは直流においては，素子に加わる電圧が変化しないので，式 (2.8) より素子に流れる電流は常に 0 であり，開放されているものと見なすことができる．変成器もコイルと同様に，巻線は直流においては短絡されているものと見なすことができる．したがって直流では，たとえ回路内にコイルやキャパシタが含まれていたとしても，それらを短絡あるいは開放されているものして扱えば，最終的に直流回路としては抵抗器と直流電源のみからなる回路に帰着してしまう．

このような抵抗回路の多くの問題は，前節に述べた抵抗器の直列接続あるいは並列接続の関係式を繰り返し適用することにより，抵抗の直並列の問題として扱うことができる．しかし，図 2.13(a) に示す**ブリッジ回路**や非常に複雑な回路の場合には，単なる直並列の問題としては扱うことができず，4 章に述べるように回路方程式をたてて，連立方程式を解かなければならない．図 2.13(b) のような回路を**はしご形回路**といい，これは直並列の問題として扱える．

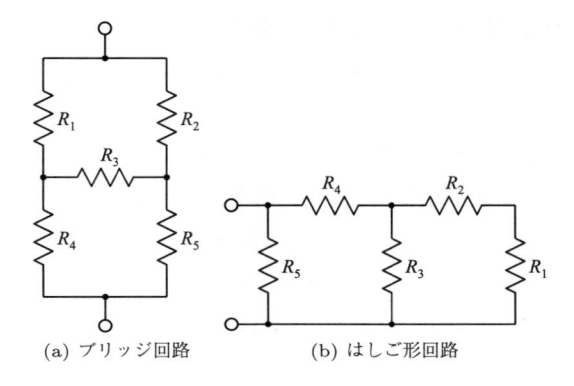

図 2.13 抵抗回路

[**例題 2.1**] 図 2.13(b) に示すはしご形回路の合成抵抗の値を求めよ.
[**解**] 合成抵抗 R の値は直並列の計算を繰り返すことにより,

$$R = \cfrac{1}{\cfrac{1}{R_5} + \cfrac{1}{R_4 + \cfrac{1}{\cfrac{1}{R_3} + \cfrac{1}{(R_2+R_1)}}}} \tag{2.29}$$

となる.

b. 抵抗器で消費される電力と電力量

前に述べたように,抵抗器に電流が流れると電力を消費する.抵抗器は一般的に電気エネルギーを熱エネルギーに不可逆的に変換して消費してしまい,電気エネルギーを一時的にでも蓄積することはない.抵抗器で消費される電力 p は,抵抗器に流れる電流 i とその両端の電圧 v の積 vi で与えられ,単位にはワット [W] が用いられる.電力 p は単位時間 (1 秒間) 当たりに消費されるエネルギーとして,別の単位で表せば [J/s] であり,一般的には仕事率と呼ばれる.したがって,仕事率を実際に仕事が行われた時間で積分したものが仕事 (量) であり,その単位はジュール [J] である.電力の場合は特に,1 時間の間に消費されるエネルギーをもって表し,ワット時 [Wh] なる単位が用いられて,これを**電力量**という.つまり,1kW の電力を 1 時間消費したときの電力量は 1 [kWh] であり,電気料金は,基本料金などを除けば使用した電力量に対して課金される.

c. 直流電源と抵抗負荷で消費される電力

抵抗回路に電流を流すためには起電力となる電源が必要である．直流回路において電源は，図 2.5(a),(b) や図 2.7 にその回路記号を示す直流電圧源または直流電流源として表される．理想的な直流電圧源は，その両端子間に接続される外部回路に影響されることなく，端子間を常に一定の電圧 e に保とうとする仮想的なものであり，また理想的な直流電流源も，その両端子間に接続される外部回路に影響されることなく，端子間に常に一定の電流 j を流し続けようとする仮想的なものであるが，電池などの実際の直流電源は，内部抵抗を伴って図 2.6(a) あるいは図 2.8(a) のように記述されるべきである．これら内部抵抗を伴う直流電源は，$j = e/r_i$ の関係のもとで互いに等価となる．

電池や定電圧電源などの**内部抵抗**を有する電源に**負荷抵抗**を繋いだ場合に，負荷抵抗で消費される電力について考える．内部抵抗を有する電源は図 2.14 に示すように，理想電圧源 E と内部抵抗 r との直列回路として表すことができる．この電源に負荷抵抗 R を接続した場合，負荷抵抗で消費される電力 p は次式で与えられる．

$$p = \frac{R}{(r+R)^2} E^2 \tag{2.30}$$

p を最大にする R の値は，$\partial p/\partial R = 0$ より，$R = r$ となる．すなわち，負荷抵抗 R が電源の内部抵抗 r に等しいとき，消費電力が最大となる．そのとき負荷で消費される電力 $p_{\max}$ は，

$$p_{\max} = \frac{E^2}{4r} \tag{2.31}$$

となる．このとき，電源の内部抵抗で消費される電力も $p_{\max}$ に等しく，理想電圧源 E は $2p_{\max} = E^2/2r$ の電力を発生していることになる．したがってこ

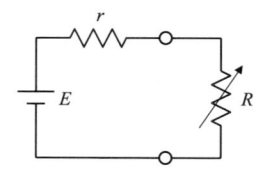

図 2.14　電源回路と負荷抵抗

の場合，電源によって生み出される電力の半分が負荷で，残りが電源の内部抵抗で消費される．

2.5 RLC 直列回路

本節では図 2.15 に示すような，抵抗，コイル，キャパシタが直列に接続された RLC 直列回路の振る舞いについて述べる．各素子における電圧降下をそれぞれ v_R, v_L, v_C とすると，直列接続ではキルヒホッフの第二法則より，各素子での電圧降下の和が電源電圧に等しいので，

$$e(t) = v_R + v_L + v_C \tag{2.32}$$

が成り立つ．回路に流れる電流を $i(t)$ とすると，

$$e(t) = Ri(t) + L\frac{di(t)}{dt} + \frac{1}{C}\int i(t)dt \tag{2.33}$$

が得られる．今，電源電圧として，

$$e(t) = E_m \sin \omega t \tag{2.34}$$

のように正弦関数的に振動するような電圧を与えると，電流 $i(t)$ は一般的に次式の形で与えられる．

$$i(t) = i_f(t) + i_s(t) \tag{2.35}$$

ただし，

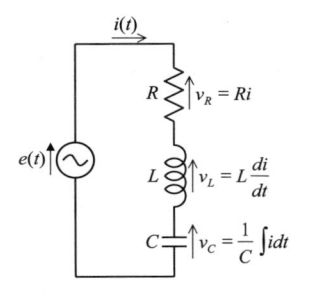

図 2.15 RLC 直列回路

$$i_f(t) = A_1 e^{s_1 t} + A_2 e^{s_2 t} \tag{2.36}$$

$$i_s(t) = I_m \sin(\omega t - \theta) \tag{2.37}$$

の形で与えられ，A_1, A_2, S_1, S_2 は定数である．ここで i_s は，電源電圧と同じ周波数で正弦関数的に振動する電流であり，i_f は電源電圧とは無関係に流れる電流であるが，通常 i_f は時間と共に 0 に近づき，定常的には i_s だけが残る．3 章で述べる**交流理論**では，この定常解としての i_s のみを扱い，一方**過渡現象論**では，i_f の振る舞いを扱う．

そこで今，定常状態について考え，回路を流れる電流は全て電源電圧と同じ周波数の正弦関数になっているものとすると (この仮定は，線形回路において成り立つ)，

$$i_s(t) = I_m \sin \omega t \tag{2.38}$$

$$e(t) = E_m \sin(\omega t + \theta) \tag{2.39}$$

上の式では電流の方を基準にとったため，電源電圧の初期位相が電流に比べて θ だけ進んでいるとした．各素子における電圧降下は，

$$v_R = R i_s = R I_m \sin \omega t \tag{2.40}$$

$$v_L = L \frac{di_s}{dt} = \omega L I_m \cos \omega t \tag{2.41}$$

$$v_C = \frac{1}{C} \int i_s dt = -\frac{1}{\omega C} I_m \cos \omega t \tag{2.42}$$

であるから，

$$\begin{aligned} e(t) &= \left[R \sin \omega t + \left(\omega L - \frac{1}{\omega C} \right) \cos \omega t \right] I_m \\ &= \left\{ \sqrt{R^2 + \left(\omega L - \frac{1}{\omega C} \right)^2} \sin \left[\omega t + \tan^{-1} \left(\frac{\omega L - \frac{1}{\omega C}}{R} \right) \right] \right\} I_m \end{aligned} \tag{2.43}$$

となり，

$$\begin{aligned} I_m &= \frac{E_m}{\sqrt{R^2 + \left(\omega L - \frac{1}{\omega C} \right)^2}} \\ \theta &= \tan^{-1} \left(\frac{\omega L - \frac{1}{\omega C}}{R} \right) \end{aligned} \tag{2.44}$$

(a) $\omega L > 1/\omega C$　　(b) $\omega L < 1/\omega C$　　(c) $\omega L = 1/\omega C$

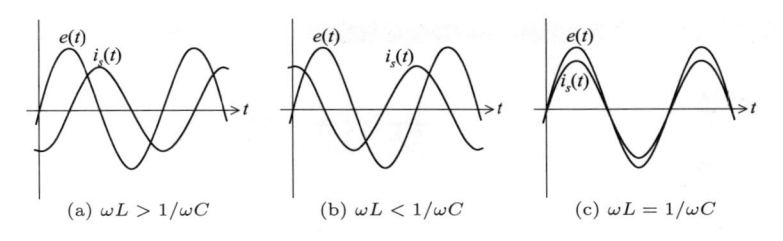

図 2.16　RLC 直列回路における電圧と電流の関係

の関係が得られ，式 (2.38) における I_m と式 (2.39) における θ が求まる．ここで，$\omega L > 1/\omega C$ の場合は $\theta > 0$ となり，電流は電圧に対して位相が遅れているといえる．一方，$\omega L < 1/\omega C$ の場合は $\theta < 0$ となり，電流は電圧に対して位相が進んでいることが分かる．また，$\omega L = 1/\omega C$ の場合は $\theta = 0$ となり，電流と電圧の位相は一致し，電流振幅は最大値 $I_m = E_m/R$ をとる．このとき RLC 直列回路は共振しているといい，このときの $f_r = \omega/2\pi = 1/\left(2\pi\sqrt{LC}\right)$ を共振周波数という．これらの関係を図示すると，図 2.16(a) 〜 (c) のようになる．

3 交流回路

　空間分布が時間的に比較的ゆっくり変化している電流は，電磁気学においては準定常電流として扱われる．一方電気回路学においてこれは交流と呼ばれ，そのような交流を扱う電気回路を交流回路と呼ぶ．準定常電流としての扱いでは変位電流を無視しており，個々の回路素子や電気配線からの電磁波の放射が無視できる程度に周波数の低い交流に相当する．そのような交流は，変圧器を用いて比較的容易に電圧を変換することができるため，家庭用電力など広く普及している．本章では，複素数やフェーザ表示による記号的計算法により交流を扱う方法についても述べる．

3.1 交　　　流

a. 正弦波交流

　電圧や電流が時間的に正弦関数で変化する場合，**正弦波交流**あるいは単に**交流**と呼ばれ，家庭用の電力線など，広く用いられている．正弦波交流電圧の**瞬時値** $e(t)$ は，

$$e(t) = E_m \sin(\omega t + \varphi) \tag{3.1}$$

のように表される．この式で，E_m を**振幅**または**最大値**，ω を**角周波数**，φ を**初期位相 (角)** または単に**位相 (角)**，$\omega t + \varphi$ を**位相 (角)** と呼んでいる．さらに，$f = \omega/2\pi$ を**周波数**，$T = 1/f$ を**周期**と呼び，周波数の単位には**ヘルツ** [Hz] が用いられる．

　このような交流を扱う回路を電気回路学では**交流回路**と呼んでいるが，交流回路として扱うことができるのは比較的周波数の低い交流に限られる．周波数が高くなると，個々の回路素子や電気配線からの電磁波の放射が無視できなくなり，もはや電気回路学における交流回路としての扱いができなくなるので注

意が必要である．そのような場合は特に，高周波回路やマイクロ波回路などと呼ばれ，電磁気学 (マクスウェル方程式) に立ち返った扱いが必要となる．したがって本章では，交流回路として扱うことのできる比較的周波数の低い (一般的には数 MHz 以下の) 交流を対象とする．

そのような交流が抵抗などの負荷に流れる場合，負荷で消費される電力の瞬時値は時々刻々変化しているが，その時間平均をとり，直流の場合の電圧や電流と比較して，消費電力の点で等価となる交流電圧や電流の値を**実効値**という．つまり，式 (3.1) で与えられる交流電圧が抵抗 R にかかる場合，抵抗で消費される電力の時間平均値は，

$$P = \frac{1}{T}\int_t^{t+T} \frac{e^2(t)}{R}dt = \frac{1}{T}\int_t^{t+T} \frac{1}{R}E_m^2 \sin^2(\omega t + \varphi)dt$$
$$= \frac{1}{T}\frac{E_m^2}{R}\int_0^T \sin^2\omega t dt = \frac{1}{2R}E_m^2 \qquad (3.2)$$

となる．一方，抵抗 R に直流電圧 E が加わった場合の消費電力は，$P = E^2/R$ で与えられるので，消費電力において直流の場合の電圧 E と等価な交流電圧の値は $E_m/\sqrt{2}$ であることが分かる．すなわちこの $E_m/\sqrt{2}$ を，正弦波交流における電圧の実効値と呼んでいる．したがって，正弦波交流電圧における実効値を E_e と置くと，瞬時電圧 $e(t)$ は，

$$e(t) = \sqrt{2}E_e \sin(\omega t + \varphi) \qquad (3.3)$$

で与えられる．電流の場合も同様に，正弦波交流における電流の実効値は $I_m/\sqrt{2}$ となる．ちなみに，家庭用の電力線の 100 V というのは実効電圧を表しており，電圧が正弦波とすると，その最大値は約 141 V にもなる．

正弦波以外の時間波形を有する交流は**ひずみ波交流**，非正弦波交流などと呼ばれる．本書では扱わないが，そのようなひずみ波交流においてもその自乗平均値を実効値としている．

b. 交流の複素数表示

電磁気学や電気回路学では正弦波を表すのに複素数が用いられる．正弦波交流は図 3.1 に示すように，半径が E_m の円の円周上を角速度 ω で回転している

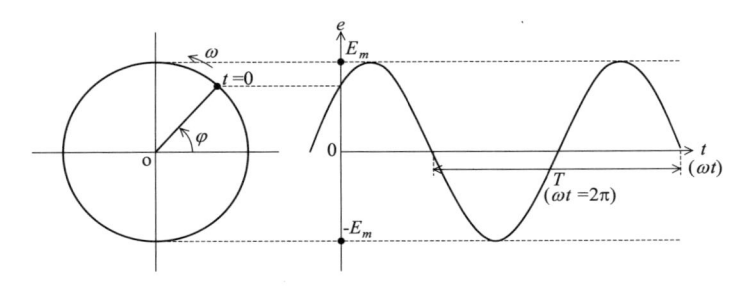

図 3.1 正弦波の時間表示

点の，x 軸あるいは y 軸に対する射影と見ることができる．そこで，この円が複素平面上にあると考えて，x 軸および y 軸を各々複素平面上の実軸および虚軸に対応させる．つまり，

$$E_m e^{j(\omega t+\varphi)} = E_m \cos(\omega t + \varphi) + jE_m \sin(\omega t + \varphi) \tag{3.4}$$

なる複素数を考え，その虚部をとるとこれが式 (3.1) の電圧の時間関数となっている．上式で "j" は虚数単位であり，電気回路学では慣習として虚数単位に "i" ではなく "j" を用いる．それは，文字 "i" は電気回路学では電流の意味で広く用いられており，混同を避けるためである．

したがって，正弦波交流電圧を前節で述べた実効値 E_e を用いて表すと，

$$e(t) = \mathrm{Im}[\sqrt{2}E_e e^{j(\omega t+\varphi)}] = \mathrm{Im}[\sqrt{2}E_e e^{j\varphi} \times e^{j\omega t}] \tag{3.5}$$

となり，この式は複素電圧 E を

$$E = E_e e^{j\varphi} \tag{3.6}$$

により定めると，

$$e(t) = \mathrm{Im}[\sqrt{2}E e^{j\omega t}] \tag{3.7}$$

と書ける．この関係を図 3.2 に示す．このように正弦波交流電圧 $e(t)$ は複素電圧 E で代表させることができるから，式 (3.6) の E を交流電圧の**フェーザ表示**という (ベクトル表示あるいは複素表示ともいう)．またこの場合，E_e を E の**絶対値**，φ を**偏角**といい，

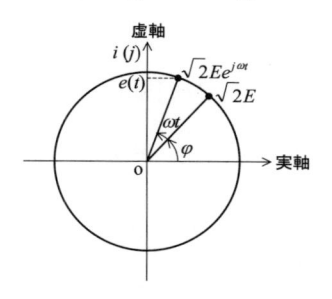

図 3.2 交流電圧のフェーザ表示

$$|E| = E_e, \quad \arg E = \varphi \qquad (3.8)$$

と書く．本書ではフェーザ電圧 E を，その絶対値が正弦波交流電圧の実効値と等しくなるように定めている (教科書によっては，フェーザ電圧の絶対値を交流電圧の最大値 (振幅) と等しくなるように定めているものもある)．また本書では，時間関数としてフェーザ表示の虚部をとり，式 (3.7) のように表したが，実部をとってもよく，その場合は，

$$e(t) = \text{Re}[\sqrt{2}E_e e^{j(\omega t + \varphi)}] = \sqrt{2}E_e \cos(\omega t + \varphi) \qquad (3.9)$$

となる．教科書によってはこちらの表示を採用しているものもある．どちらを用いてもよいが，どちらか一方に統一して扱うことが必要である．さらに，電磁気学などで正弦波の時間関数として，複素平面上の円を時計回りに回るような $e^{-i\omega t}$ (i は虚数単位) を採用している場合もあるが，電気回路学では反時計回りの $e^{j\omega t}$ を通常採用している．

c. フェーザ表示による演算

フェーザ表示を用いる利点は，交流回路の計算が簡単になることである．つまり後で述べるように，時間微分や積分が単なる代数演算に置き換えられるので，微分方程式や積分方程式は，代数方程式に置き換えられてしまい，計算が楽になる．

今，周波数が同じで電圧と位相が異なる 2 つの正弦波交流電圧の時間関数を

$$e_1(t) = \sqrt{2}E_{e_1}\sin(\omega t + \varphi_1)$$
$$e_2(t) = \sqrt{2}E_{e_2}\sin(\omega t + \varphi_2) \tag{3.10}$$

として，それらに対応する電圧のフェーザ表示を E_1, E_2 とすると，

$$E_1 = E_{e_1}e^{j\varphi_1}$$
$$E_2 = E_{e_2}e^{j\varphi_2} \tag{3.11}$$

であり，したがって，

$$e_1(t) = \sqrt{2}\,\mathrm{Im}[E_1 e^{j\omega t}]$$
$$e_2(t) = \sqrt{2}\,\mathrm{Im}[E_2 e^{j\omega t}] \tag{3.12}$$

である．それら時間関数の和 (差) は，

$$e_1(t) \pm e_2(t) = \sqrt{2}\,\mathrm{Im}[(E_1 \pm E_2)e^{j\omega t}] \tag{3.13}$$

となる．したがって，

$$e_1(t) \pm e_2(t) = \sqrt{2}|E_1 \pm E_2|\sin\{\omega t + \arg(E_1 \pm E_2)\} \tag{3.14}$$

となり，時間関数の和 (差) にはフェーザ表示の和 (差) が対応する．

次に，時間関数の微分について見てみると，

$$\frac{d}{dt}e(t) = \frac{d}{dt}\mathrm{Im}[\sqrt{2}Ee^{j\omega t}] = \mathrm{Im}[j\omega\sqrt{2}Ee^{j\omega t}] \tag{3.15}$$

したがって，時間関数の微分には，対応するフェーザ表示に $j\omega$ を掛けたものが対応する．

次に，時間関数の積分について見てみると，

$$\int e(t)dt = \mathrm{Im}\left[\sqrt{2}\int Ee^{j\omega t}dt\right] = \mathrm{Im}\left[\frac{\sqrt{2}E}{j\omega}e^{j\omega t}\right] \tag{3.16}$$

したがって，時間関数の積分には，対応するフェーザ表示を $j\omega$ で割ったものが対応する．

このようにフェーザ表示では時間微分や積分が代数演算に置き換えられ，回路計算がとても楽になる．以降本書では，電圧，電流の時間関数を表す場合は e, i のように小文字を，電圧，電流フェーザを表す場合は E, I のように大文字を用いることをなるべく心掛けた．

d. フェーザ表示による交流回路の扱い

本項では，フェーザ表示を用いた交流回路の扱いについて述べる．図 3.3(a) の RLC 直列回路において，回路の方程式は 2 章で述べたように，

$$Ri + L\frac{di}{dt} + \frac{1}{C}\int i dt = e \tag{3.17}$$

で与えられる．今，電源電圧として以下の正弦波交流電圧

$$e(t) = \sqrt{2}E_e \sin(\omega t + \varphi) \tag{3.18}$$

を仮定すると，回路が線形であれば流れる電流も同じ周波数の正弦波となり，

$$i(t) = \sqrt{2}I_e \sin(\omega t + \varphi - \theta) \tag{3.19}$$

で与えられる．これをフェーザ表示を用いて記述してみる．

$e(t)$ のフェーザ表示を式 (3.6) にならい

$$E = E_e e^{j\varphi} \tag{3.20}$$

とし，回路を流れる電流のフェーザ表示を I とすると，式 (3.17) は，

(a) 時間関数による表示　　(b) フェーザ表示

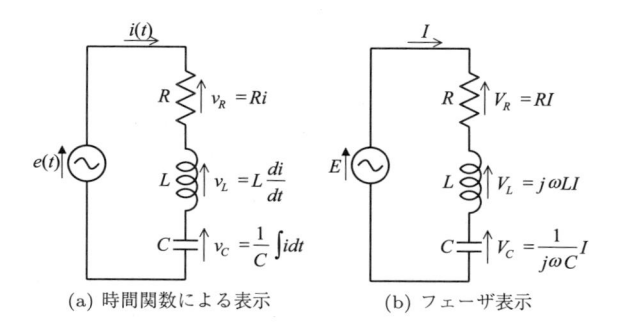

図 3.3 RLC 直列回路

$$RI + Lj\omega I + \frac{1}{C}\frac{1}{j\omega}I = E \tag{3.21}$$

すなわち,

$$\left(R + j\omega L + \frac{1}{j\omega C}\right)I = E \tag{3.22}$$

となる. 2 章で述べた時間関数による表示の図 3.3(a) に対し, フェーザ表示では図 3.3(b) が対応する. さらに,

$$Z = R + j\omega L + \frac{1}{j\omega C} = R + j\left(\omega L - \frac{1}{\omega C}\right) \tag{3.23}$$

と置くと,

$$E = ZI \tag{3.24}$$

と書ける. この式は, Z を直流の場合の抵抗のようなものと見なすと, オームの法則に相当する. 上式から電流 I は直ちに

$$I = \frac{E}{Z} \tag{3.25}$$

と求まる. したがって,

$$|I| = \frac{|E|}{|Z|} \tag{3.26}$$

$$\arg I = \arg E - \arg Z \tag{3.27}$$

であるから, フェーザ表示での電流 I に対する時間関数は,

$$i(t) = \sqrt{2}\left|\frac{E}{Z}\right|\sin(\omega t + \arg E - \arg Z) \tag{3.28}$$

となる. ここで,

$$|Z| = \sqrt{R^2 + \left(\omega L - \frac{1}{\omega C}\right)^2} \tag{3.29}$$

$$\arg Z = \tan^{-1}\left(\frac{\omega L - \frac{1}{\omega C}}{R}\right) \tag{3.30}$$

このようにフェーザ表示を用いれば, 交流回路をいちいち時間関数で扱わなくても, 簡単な記号的計算法 (Oliver Heaviside により導入されたことから, ヘビサイドの演算子法とも呼ばれている) によって解くことができる. したがって,

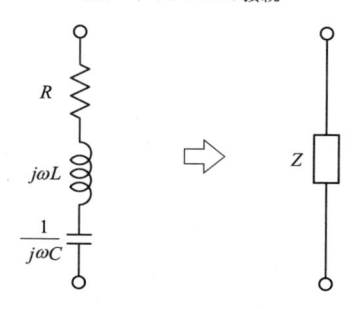

図 3.4 RLC 直列回路のインピーダンス

図 3.3(a) の代わりにフェーザ電圧 E およびフェーザ電流 I を用いた図 3.3(b) のような回路表現が用いられる.

ところで Z は図 3.4 に示すように,RLC 直列回路を 1 つの素子 Z と見なして置き換えたもので,この素子に流れる電流と素子の両端の電圧とを関係付ける複素数である.これは直流の場合の抵抗に相当するが,**インピーダンス**と呼ばれ,単位はオーム [Ω] である.なおインピーダンス Z の逆数 Y を,**アドミタンス**といい,単位にはジーメンス [S] を用いる.すなわち $Y = Z^{-1}$ であり,$I = YV$ の関係がある.インピーダンスとアドミタンスは,それぞれ直流の場合の抵抗とコンダクタンスに相当する.インピーダンスとアドミタンスの両者を合わせて**イミタンス**と呼ぶこともある.なお線形回路においては,インピーダンス Z やアドミタンス Y は電圧や電流の値には依存しない.

3.2 イミタンスの接続

a. インピーダンスの直列接続

図 3.5(a) に示すように,インピーダンス Z_1, Z_2 を**直列接続**した場合,各々の素子を流れる電流は共通で,この電流のフェーザ表示を I とすると,インピーダンス Z_1 の両端の電圧 V_1 は $V_1 = Z_1 I$,インピーダンス Z_2 の両端の電圧 V_2 は $V_2 = Z_2 I$ となる.したがって,直列接続された素子の両端の電圧 V は,

$$V = V_1 + V_2 = Z_1 I + Z_2 I = (Z_1 + Z_2)I \tag{3.31}$$

となり,したがって**合成インピーダンス**の値は $Z_1 + Z_2$ となる.

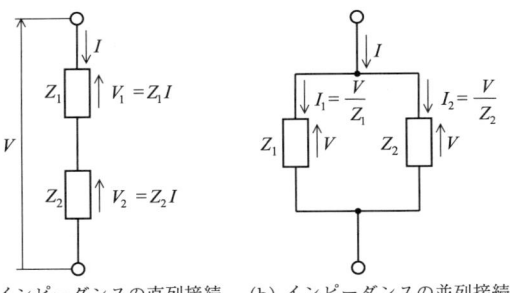

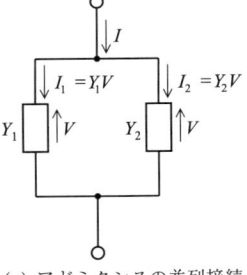

(a) インピーダンスの直列接続　(b) インピーダンスの並列接続　(c) アドミタンスの並列接続

図 3.5　イミタンスの接続

また，インピーダンス Z_1, Z_2 の両端の電圧 V_1, V_2 はそれぞれ $\frac{Z_1}{Z_1+Z_2}V$, $\frac{Z_2}{Z_1+Z_2}V$ となり，直列接続された各インピーダンスの両端の電圧は，各素子のインピーダンスの値に比例して分配されることが分かる．

b. インピーダンスの並列接続

次に図 3.5(b) に示すように，インピーダンス Z_1, Z_2 を**並列接続**した場合，各々の素子の両端の電圧は共通で，この電圧のフェーザ表示を V とすると，インピーダンス Z_1, Z_2 に流れる電流 I_1, I_2 は，それぞれ $I_1 = V/Z_1$, $I_2 = V/Z_2$ となる．したがって，並列接続された素子全体に流れる電流 I は，

$$I = I_1 + I_2 = \frac{V}{Z_1} + \frac{V}{Z_2} = V\left(\frac{1}{Z_1} + \frac{1}{Z_2}\right) \tag{3.32}$$

となり，したがって合成インピーダンスの値は $\frac{1}{1/Z_1+1/Z_2}$ となる．

また，インピーダンス Z_1, Z_2 に流れる電流 I_1, I_2 はそれぞれ $\frac{1/Z_1}{1/Z_1+1/Z_2}I$, $\frac{1/Z_2}{1/Z_1+1/Z_2}I$ となり，並列接続された各インピーダンスに流れる電流は，各素子のインピーダンスの値に逆比例して分配されることが分かる．

インピーダンスの並列接続の場合，インピーダンスの値の代わりにその逆数であるアドミタンスを用いるとより簡単になる．つまり，値が Y_1, Y_2 のアドミタンスを並列接続した場合，図 3.5(c) に示すように，各々の素子の両端の電圧は共通で，この値を V とすると，アドミタンス Y_1, Y_2 に流れる電流 I_1, I_2 は，それぞれ $I_1 = Y_1V$, $I_2 = Y_2V$ となる．したがって，並列接続された素子

全体に流れる電流 I は，

$$I = I_1 + I_2 = Y_1 V + Y_2 V = (Y_1 + Y_2)V \qquad (3.33)$$

となり，したがって合成アドミタンスの値は $Y_1 + Y_2$ となる．

また，アドミタンス Y_1, Y_2 に流れる電流 I_1, I_2 はそれぞれ $\frac{Y_1}{Y_1+Y_2}I$，$\frac{Y_2}{Y_1+Y_2}I$ となり，並列接続された各アドミタンスに流れる電流は，各素子のアドミタンスの値に比例して分配されることが分かる．

3.3 複素インピーダンス

これまでに述べたように，インピーダンス Z は，複素数としての交流電圧フェーザ E と，同じく複素数としての交流電流フェーザ I を関係付ける複素数であるので，これを $Z = R + jX$ と書いて，R を**抵抗**(分)，X をリアクタンス(分) という．つまり，インピーダンス Z に流れる電流が I ならば，インピーダンスの両端の電圧 V は，

$$V = ZI = RI + jXI \qquad (3.34)$$

となる．

直流の場合，電圧と電流は共に実数で表されていたので，電圧と電流はその大きさの比のみで関係付けられ，それを関係付けているのが抵抗値 R という実数であった．ところが交流の場合は，電圧と電流は複素数で表されており，電圧と電流の関係はその大きさ (絶対値) の比のみならず，位相差についても関係付ける必要がある．そこで交流の場合には複素数 Z を用いて，その絶対値が電圧と電流の絶対値の比を，偏角が互いの位相差を関係付けている．

したがって，フェーザ電圧と電流の関係を複素平面上に図示 (このような図をフェーザ図という．3.5 節参照) すると，図 3.6(a) ～ (c) に示すようになり，図 3.6(a) の $X > 0$ の場合は電流は電圧よりも位相が遅れており，回路は**誘導性**であるといい，このとき X を**誘導(性)リアクタンス**という．図 3.6(c) の $X < 0$ の場合は電流は電圧よりも位相が進んでおり，回路は**容量性**であるといい，このとき X を**容量(性)リアクタンス**という．また図 3.6(b) の $X = 0$ の場合は，

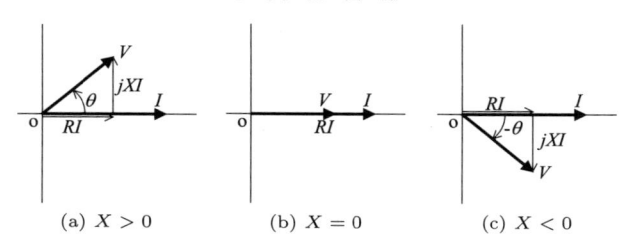

図 3.6 インピーダンス $Z(=R+jX)$ における電圧と電流の関係

インピーダンスは純抵抗となり，電圧と電流は同相となる．ただし，位相の進み遅れは，$-\pi < \theta < +\pi$ の範囲内で表す必要がある．

アドミタンスも同様に複素数であるので，実部と虚部に分けて考えると，

$$Y = \frac{1}{Z} = \frac{1}{R+jX} = \frac{R}{R^2+X^2} - j\frac{X}{R^2+X^2} \quad (3.35)$$

となる．したがって，

$$Y = G + jB \quad (3.36)$$

の形に表すことができ，G を**コンダクタンス**，B を**サセプタンス**という．

3.4　電　　　力

a.　交流における電力

図 3.7(a) に示すように，交流電圧源 E にインピーダンスの値が $Z(=R+jX)$ の**負荷**を接続した回路において，負荷の電圧と電流の時間関数がそれぞれ

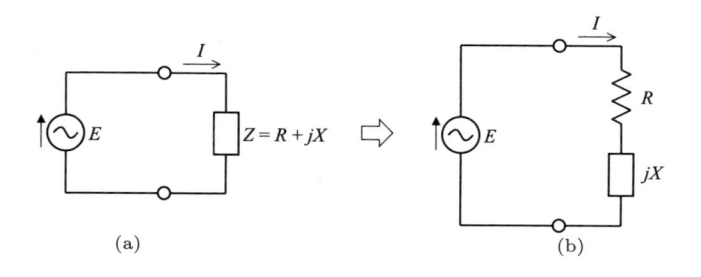

図 3.7 負荷インピーダンス Z を接続した電圧源

3.4 電力

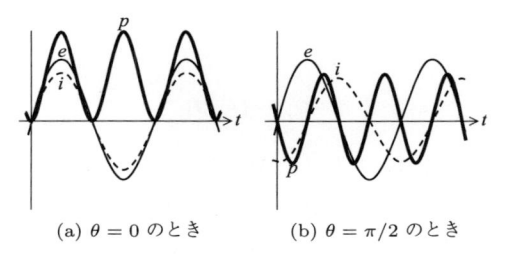

(a) $\theta = 0$ のとき　　(b) $\theta = \pi/2$ のとき

図 3.8　交流における電圧，電流，電力の関係

$$\begin{aligned} e(t) &= \sqrt{2}\,|E|\sin(\omega t + \varphi) \\ i(t) &= \sqrt{2}\,|I|\sin(\omega t + \varphi - \theta) \end{aligned} \quad (3.37)$$

であるとすると，負荷への瞬時電力 $p(t)$ は式 (2.21) より，

$$\begin{aligned} p(t) &= e(t)i(t) = 2|E||I|\sin(\omega t + \varphi)\sin(\omega t + \varphi - \theta) \\ &= |EI|\cos\theta - |EI|\cos(2\omega t + 2\varphi - \theta) \end{aligned} \quad (3.38)$$

となり，e, i および p を図示すると，図 3.8 に示すようになる．式 (3.38) の右辺第 2 項は角周波数 2ω で振動し，その時間平均値は 0 である．一方，第 1 項は時間に依存せず，電力の時間平均値 P を与える．すなわち，

$$\begin{aligned} P &= |EI|\cos\theta = |E||I|\cos\theta \\ &= |ZI||I|\cos\theta = |I|^2|Z|\cos\theta = |I|^2 R \end{aligned} \quad (3.39)$$

である．また，負荷をアドミタンス $Y(=G+jB)$ によって与えた場合は，

$$\begin{aligned} P &= |EI|\cos\theta = |E||I|\cos\theta \\ &= |E||YE|\cos\theta = |E|^2|Y|\cos\theta = |E|^2 G \end{aligned} \quad (3.40)$$

となる．P は電源 E から負荷に供給される瞬時電力の平均値 (つまり，負荷で消費されている電力と見なせる) で，**実効電力**，**有効電力**，**平均電力**，あるいは単に**電力**などと呼ばれる．

b. 皮相電力と力率

式 (3.39) において，

$$P_a = |E||I| \tag{3.41}$$

を**皮相電力**と呼び，単位にはワット [W] ではなく**ボルトアンペア**[VA] を用いる．また，$\cos\theta$ を**力率**と呼び，$100 \times \cos\theta$ [%] で表すこともある．皮相電力は，電源から負荷に供給されている電力を意味しているが，その全てが負荷で消費されている訳ではない．実際に負荷で消費される電力は，その値に力率を掛けたもの (つまり実効電力 P) であり，力率は皮相電力と実効電力の比を表している．つまり，力率が 100 % ならば負荷に供給されている電力の全てが消費されていることになる．したがって，

$$P = P_a \cos\theta \tag{3.42}$$

と書ける．なお，$\sin\theta$ をリアクタンス率と呼ぶこともある．

c. 無効電力

図 3.8 から分かるように，$\theta = 0$ でない限りは，e, i が異符号となる瞬間があり，このときは $p = ei < 0$ である．この時間には，L, C, M に一時的に蓄えられたエネルギーが電源に送り返されている．このような電源と負荷との間のエネルギーのやりとりの大きさを表すために，次のように**無効電力** P_r を定義する．

今，図 3.7(b) に示したように，負荷インピーダンス Z を抵抗分 R とリアクタンス分 X に分けて考え，抵抗部分にかかる瞬時電圧を e_R，リアクタンス部分にかかる瞬時電圧を e_X とすると，

$$\begin{aligned}
p = ei &= (e_R + e_X)i \\
&= \left\{\sqrt{2}R|I|\sin(\omega t + \varphi) + \sqrt{2}X|I|\sin\left(\omega t + \varphi - \frac{\pi}{2}\right)\right\}\sqrt{2}|I|\sin(\omega t + \varphi) \\
&= R|I|^2\{1 - \cos 2(\omega t + \varphi)\} - X|I|^2 \sin 2(\omega t + \varphi)
\end{aligned} \tag{3.43}$$

と書ける．右辺第 1 項は負になることがなく，その時間平均の $R|I|^2$ は有効電力 P である．一方第 2 項はリアクタンスに供給される電力であり，その時間平

均値は 0 となる．そこで，

$$P_r = X|I|^2 \tag{3.44}$$

を**無効電力**と呼び，その単位にはワット [W] ではなく，バール [var] あるいはボルトアンペア [VA] を用いる．無効電力に関してはさらに以下の式が成り立つ．

$$P_r = X|I|^2 = |Z|\sin\theta|I|^2$$
$$= |ZI||I|\sin\theta = |E||I|\sin\theta = P_a \sin\theta \tag{3.45}$$

無効電力はエネルギーとして負荷で消費されることはないが，無効電力があると電力会社は不必要に大きな電力を送らなければならない．しかし，電気料金は実際に消費された電力つまり「実効電力」に対して課金されるので，事業所などの大口顧客には無効電力の割合を減らす，すなわち力率を改善するよう電力会社が求めてくることもある．力率を改善する方法としては，進相コンデンサ (キャパシタ) を用いる方法などが知られているが，本書の範囲を超えるので，興味のある読者は別途調べていただきたい．

d. 複素電力

以上で述べたように，電力 (有効電力)，無効電力，皮相電力などを定義してきたが，これらをまとめて**複素電力**$(P+jP_r)$として表すことができる．図 3.9 に，インピーダンス $Z(=R+jX)$ におけるこれら電力の関係を表した．

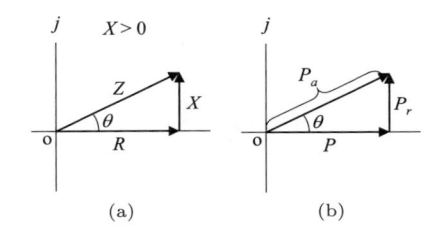

図 3.9 インピーダンス $Z(=R+jX)$ と複素電力

e. 最大供給電力

2章で述べたように,実際の電源は内部インピーダンス Z_0 や内部アドミタンス Y_0 を伴った形で,図 2.6(b) または図 2.8(b) のように表せる.そのような電源に図 3.10 に示すように負荷を接続した場合の振る舞いについて考える.今,電源の内部インピーダンス Z_0(内部アドミタンス Y_0) や負荷インピーダンス Z(負荷アドミタンス Y) の値を抵抗分 (コンダクタンス分) とリアクタンス分 (サセプタンス分) に分けて考え,

$$Z_0 = R_0 + jX_0, \quad Y_0 = \frac{1}{Z_0} = G_0 + jB_0$$
$$Z = R + jX, \quad Y = \frac{1}{Z} = G + jB \tag{3.46}$$

のように表すと,負荷で消費される電力 (実際には電力は負荷のうちの抵抗 R やコンダクタンス G で消費される) は,図 3.10(a) の電圧源の場合は,

$$P = |E|^2 \frac{R}{(R_0 + R)^2 + (X_0 + X)^2} \tag{3.47}$$

図 3.10(b) の電流源の場合は,

$$P = |J|^2 \frac{G}{(G_0 + G)^2 + (B_0 + B)^2} \tag{3.48}$$

である.そこで,負荷インピーダンス (負荷アドミタンス) の値が可変であるとして,以下の4つの場合について負荷での消費電力を最大にする条件について考えてみる.なおここでは,図 3.10(a) の電圧源の場合についてのみ述べるが,図 3.10(b) の電流源についても同様に考えられる.

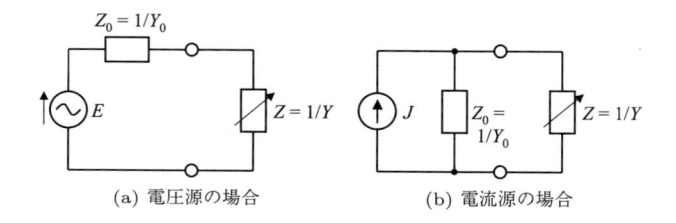

図 3.10 電源と負荷インピーダンス

1) R 固定で X 可変の場合

式 (3.47) より，$X = -X_0$ で P が最大になることは明らかで，このとき

$$P_{\max} = |E|^2 \frac{R}{(R_0 + R)^2} \tag{3.49}$$

となる．

2) R 可変で X 固定の場合

式 (3.47) において $dP/dR = 0$ より，

$$R = \sqrt{R_0^2 + (X_0 + X)^2} \tag{3.50}$$

のとき P が最大となることが分かる．すなわち，本来は負荷の一部である jX を電源に含めて考え，内部インピーダンスの値が $R_0 + j(X_0 + X)$ の電源に負荷抵抗 R が接続されているものと考えると，電源の内部インピーダンスの大きさ $|R_0 + j(X_0 + X)|$ に等しくなるように R を選ぶことを意味している．

3) R, X 両者可変の場合

P を最大にする条件は式 (3.47) より，

$$X = -X_0, \quad R = R_0 \tag{3.51}$$

すなわち，Z が Z_0 の複素共役 $(Z = \bar{Z}_0)$ のとき P は最大となり，$P_{\max} = |E|^2/4R_0$ となる．$P_{\max}$ は電源から取り出し得る最大の電力で，電源の**固有電力**または**有能電力**といわれる．この場合，理想電圧源 E が発生している電力は，$P_0 = |E|^2/2R_0 = 2P_{\max}$ であるから，P_0 の半分が負荷で，残り半分が電源自身の内部インピーダンスで消費され，熱損失となる．

4) X/R 固定で $|Z|$ 可変の場合

この場合は図 3.11(a) に示すように，負荷インピーダンスにおける抵抗分とリアクタンス分の大きさの比を一定に保ったまま，負荷インピーダンスの値を変化させるもので，負荷インピーダンスの値が $n^2 Z$ で与えられ，Z が一定で n^2 が可変であると考えることに相当する．さらに具体的には図 3.11(b) のように，負荷インピーダンス Z に理想変成器が付加された形の負荷を考え，Z の値は固定して変成比 n を適当に選び，負荷 Z での消費電力，すなわち R での消

48   3. 交 流 回 路

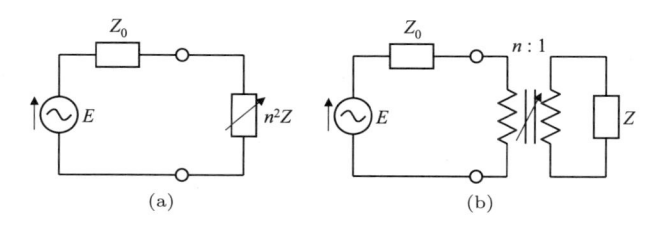

図 3.11 X/R 固定で $|Z|$ が可変の場合

費電力

$$P = |E|^2 \frac{n^2 R}{(R_0 + n^2 R)^2 + (X_0 + n^2 X)^2} \tag{3.52}$$

を最大にする問題と考えることができる．上式の分子，分母を n^2 で割ると，

$$\begin{aligned} P &= |E|^2 R \left\{ \left(\frac{R_0}{n} + nR \right)^2 + \left(\frac{X_0}{n} + nX \right)^2 \right\}^{-1} \\ &= |E|^2 R \left\{ \frac{1}{n^2}(R_0^2 + X_0^2) + n^2(R^2 + X^2) + 2R_0 R + 2X_0 X \right\}^{-1} \end{aligned} \tag{3.53}$$

となり，右辺の { } 内の第 1 項と第 2 項の積は定数であるから，この両項が等しいときに { } 内は最小となる．したがって P の最大値は，

$$\frac{1}{n^2}(R_0^2 + X_0^2) = n^2(R^2 + X^2) \tag{3.54}$$

すなわち，$n^2|Z| = |Z_0|$ に対して得られる．つまり，理想変成器の 1 次側に換算した負荷インピーダンスの絶対値を電源の内部インピーダンスの絶対値に等しくすれば，負荷で消費される電力が最大となる．

3.5 フェーザ図

a. フェーザ図

交流回路において，フェーザ電圧とフェーザ電流の関係，インピーダンスまたはアドミタンスの値を複素平面上に図示したものを**フェーザ図**またはベクトル図と呼んでいる．今，電圧と電流の関係が，$V = |V|e^{j\varphi}, I = |I|e^{j(\varphi-\theta)}$ であったとすると，各々実部と虚部に分けて，

3.5 フェーザ図

$$V = |V|e^{j\varphi} = |V|\cos\varphi + j|V|\sin\varphi$$
$$I = |I|e^{j(\varphi-\theta)} = |I|\cos(\varphi-\theta) + j|I|\sin(\varphi-\theta) \tag{3.55}$$

のように表すことができる．複素平面上で電圧の値に対応した点に原点から矢印を引いたものを**電圧フェーザ**または電圧ベクトル，また電流の値に対応した点に原点から矢印を引いたものを**電流フェーザ**または電流ベクトルと呼び，それらのフェーザ図を示すと図 3.12(a) に示すようになる．交流回路においては通常，電圧と電流の位相はその位相差だけを問題とするので，位相角を 0 にとる**基準フェーザ**としては，電圧か電流のどちらか都合のよい方を選べばよい．たとえば，電圧 V を基準フェーザに選ぶと図 3.12(b) に示すような図になり，また，電流 I を基準フェーザに選ぶと図 3.12(c) に示すような図になる．一般的に，素子が直列に接続されている場合においては，各素子を流れる電流が共通であるため電流 I を基準にして描く方が都合がよく，また素子が並列に接続されている回路においては，各素子に加わる電圧が共通であるから，電圧 V を基準にして描く方が都合がよい．

インピーダンス $Z(=R+jX)$ やアドミタンス $Y(=G+jB)$ も複素数であるから，それらの実部 R や G を実軸に，虚部 X や B を虚軸にとり，各々図 3.13(a), (b) に示すように複素平面上に表すことができ，**インピーダンスフェーザ**(インピーダンスベクトル) や**アドミタンスフェーザ**(アドミタンスベクトル)と呼ばれる．電力 P も本来複素数 $P+jP_r$ で表されるので，有効電力 P を実

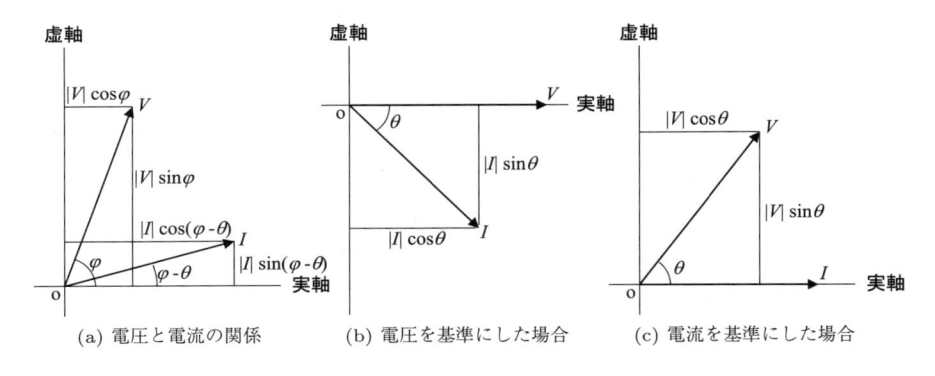

(a) 電圧と電流の関係　　(b) 電圧を基準にした場合　　(c) 電流を基準にした場合

図 3.12 フェーザ図

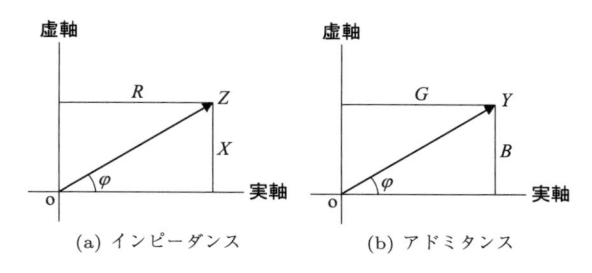

図 3.13 フェーザ図

軸に，無効電力 P_r を虚軸にとって図 3.9(b) に示すように表され，電力フェーザ (電力ベクトル) と呼ばれることがある．

b. 各種回路のフェーザ図
1) 抵抗回路

抵抗のみからなる回路では，その合成インピーダンス Z の値は実数となり，これを R で表せばインピーダンスフェーザは図 3.14(a) に示すように実軸上にある．一方電圧，電流フェーザは図 3.14(b) に示すように，どちらかを基準フェーザにとれば同相であるから，共に実軸上にある．

2) インダクタンス L のみの回路

インダクタンスのみからなる回路では，その合成インピーダンス Z の値は純虚数となり，これを $j\omega L$ で表せば，インピーダンスフェーザは図 3.15(a) に示すように虚軸上にある．一方電圧，電流フェーザは図 3.15(b) に示すように，電圧の方を基準フェーザにとれば電流は $\pi/2$ だけ位相が遅れた形になる．もちろん，電流の方を基準フェーザにとれば，電圧は $\pi/2$ 位相が進んだ形になる．

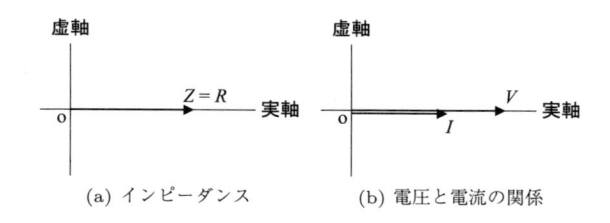

図 3.14 抵抗回路のフェーザ図

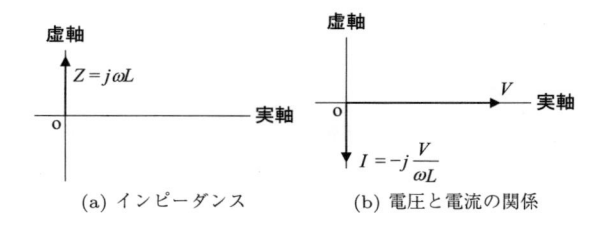

図 3.15 インダクタンスのフェーザ図

3) キャパシタンス C のみの回路

キャパシタンスのみからなる回路では，その合成インピーダンス Z の値は純虚数となり，これを $-j\frac{1}{\omega C}$ で表せば，インピーダンスフェーザは図 3.16(a) に示すように虚軸上にある．一方電圧，電流フェーザは図 3.16(b) に示すように，電圧の方を基準フェーザにとれば電流は $\pi/2$ だけ位相が進んだ形になる (電流の方を基準フェーザにとれば，電圧は $\pi/2$ 位相が遅れた形になる)．

4) RLC 直列回路

RLC 直列回路では，インピーダンス Z の値は $R + j\left(\omega L - \frac{1}{\omega C}\right)$ となり，インピーダンスフェーザは図 3.17(a) または (b) に示すように表せる．つまり，$\omega L > \frac{1}{\omega C}$ のときは図 3.17(a) に示すように，インピーダンスフェーザは複素平面上で第一象限にあり，また $\omega L < \frac{1}{\omega C}$ のときは図 3.17(b) に示すように，インピーダンスフェーザは複素平面上の第四象限にある．インピーダンスの虚部はリアクタンスであるが，その値が正の場合はコイルなどによる**誘導性リアクタンス**がキャパシタなどによる**容量性リアクタンス**に打ち勝っている状態であり，回路は**誘導性**であるという．逆にリアクタンスの値が負の場合は，キャパシタなどによる容量性リアクタンスがコイルなどによる誘導性リアクタンスに

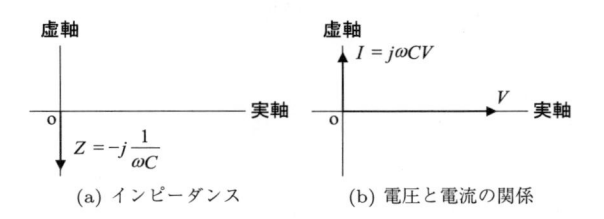

図 3.16 キャパシタンスのフェーザ図

(a) $\omega L > \dfrac{1}{\omega C}$ のとき

(b) $\omega L < \dfrac{1}{\omega C}$ のとき

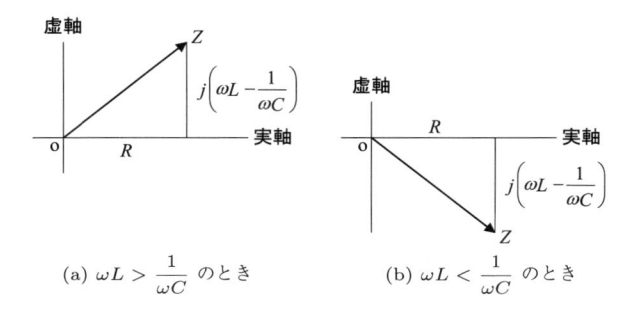

図 3.17 RLC 直列回路のインピーダンスフェーザ図

(a) $\omega L > \dfrac{1}{\omega C}$ のとき

(b) $\omega L < \dfrac{1}{\omega C}$ のとき

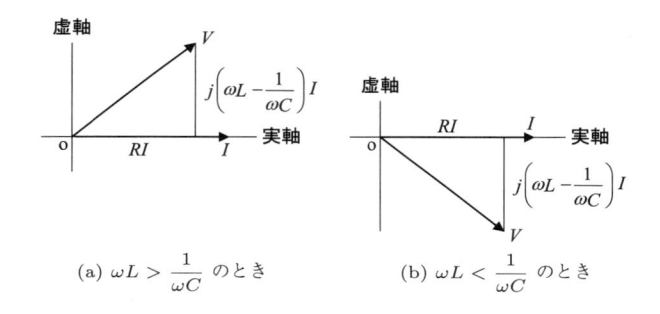

図 3.18 RLC 直列回路の電圧, 電流フェーザ図

打ち勝っている状態であり, 回路は**容量性**であるという.

電圧, 電流フェーザは, 電流 I の方を基準フェーザにとれば電圧 V は,

$$V = ZI = RI + j\left(\omega L - \frac{1}{\omega C}\right)I \tag{3.56}$$

で表されるので, 回路が誘導性の場合は図 3.18(a) に示すように電圧は電流に比べて位相が進んだ形になり, 回路が容量性の場合は図 3.18(b) に示すように電圧は電流に比べて位相が遅れた形になる.

5) RLC 並列回路

RLC 並列回路では, アドミタンス Y の値は $\dfrac{1}{R} + j\left(\omega C - \dfrac{1}{\omega L}\right)$ となり, アドミタンスフェーザは図 3.19(a) または (b) に示すように表せる. つまり, $\omega C > \dfrac{1}{\omega L}$ のときは図 3.19(a) に示すように, アドミタンスフェーザは複素平面上で第一象限にあり, 回路は**容量性**であるという. また $\omega C < \dfrac{1}{\omega L}$ のときは図 3.19(b)

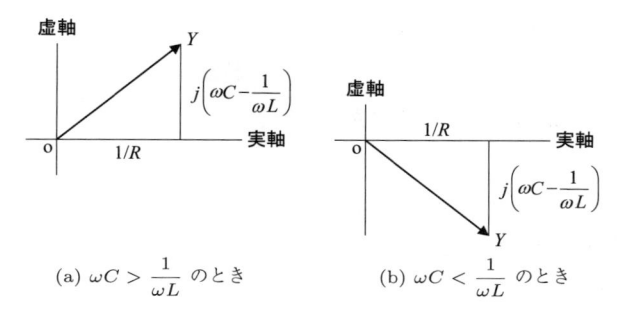

図 3.19　RLC 並列回路のアドミタンスフェーザ図

(a) $\omega C > \dfrac{1}{\omega L}$ のとき

(b) $\omega C < \dfrac{1}{\omega L}$ のとき

に示すように，アドミタンスフェーザは複素平面上の第四象限にあり，回路は**誘導性**であるという．

電圧，電流フェーザは，電圧 V の方を基準フェーザにとれば電流 I は，

$$I = YV = \frac{V}{R} + j\left(\omega C - \frac{1}{\omega L}\right)V \tag{3.57}$$

で表されるので，回路が容量性の場合は図 3.20(a) に示すように電流は電圧に比べて位相が進んだ形になり，回路が誘導性の場合は図 3.20(b) に示すように電流は電圧に比べて位相が遅れた形になる．

c.　フェーザ軌跡

前項までに述べてきたように，電圧，電流，インピーダンス，アドミタンス，電力などは複素数であり，フェーザで表される．したがって，回路のパラメー

(a) $\omega C > \dfrac{1}{\omega L}$ のとき

(b) $\omega C < \dfrac{1}{\omega L}$ のとき

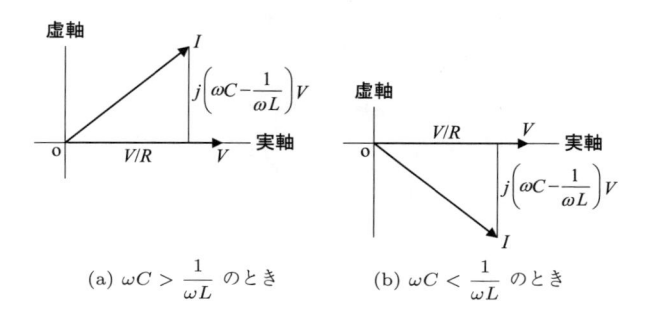

図 3.20　RLC 並列回路の電圧，電流フェーザ図

タのうちの1つを変化させながらそれらフェーザを描けば，フェーザの先端はある軌跡を描くことになる．これを**フェーザ軌跡**(ベクトル軌跡) という．

1) 実部が一定のフェーザの軌跡

フェーザ X が，$X = a + jb$ として表され，a が一定で b が $-\infty \sim +\infty$ まで変化するとすれば，X の軌跡は図 3.21(a) に示すように，虚軸に平行で虚軸から a だけ離れた直線となる．

2) 虚部が一定のフェーザの軌跡

フェーザ X が，$X = a + jb$ として表され，b が一定で a が $0 \sim +\infty$ まで変化するとすれば，X の軌跡は図 3.21(b) に示すように，実軸に平行で実軸から b だけ離れた直線となる．

3) 実部が一定のフェーザの逆数の軌跡

フェーザ X が虚軸に平行な直線を描くとき，その逆数の $1/X$ なるフェーザの軌跡を考えてみる．

(a) 実部が一定 (b) 虚部が一定 (c) 実部が一定のフェーザの逆数

(d) 虚部が一定のフェーザの逆数 (e) 直線を描くフェーザの逆数

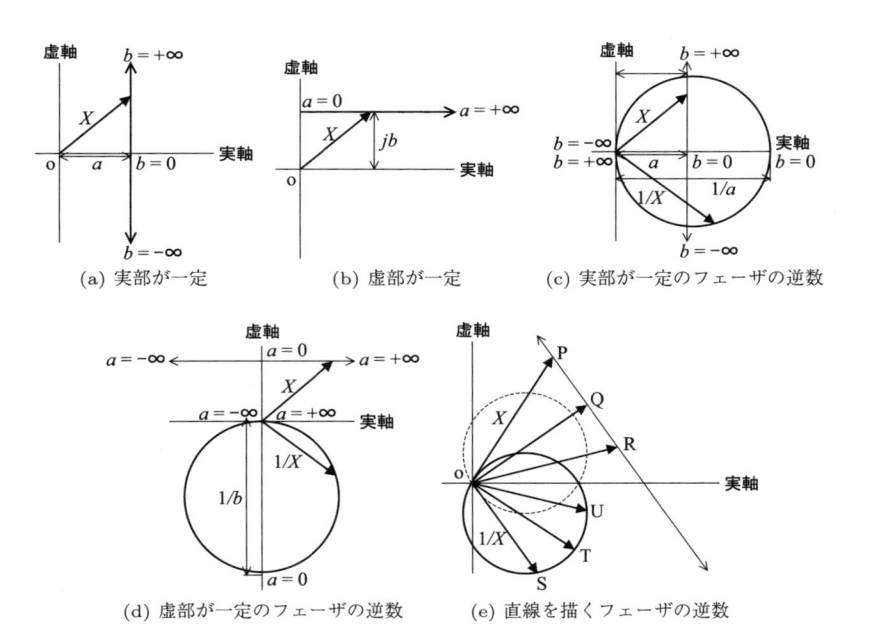

図 **3.21** 各種フェーザ軌跡

とすれば,

$$\frac{1}{X} = \frac{1}{a+jb} = x+jy \tag{3.58}$$

$$x = \frac{a}{a^2+b^2}, \quad y = -\frac{b}{a^2+b^2} \tag{3.59}$$

となる.それゆえ両式より変数 b を消去すれば,

$$\left(x - \frac{1}{2a}\right)^2 + y^2 = \frac{(a^2-b^2)^2}{4a^2(a^2+b^2)^2} + \frac{b^2}{(a^2+b^2)^2} = \left(\frac{1}{2a}\right)^2 \tag{3.60}$$

となり,これは図 3.21(c) に示すように中心が実軸上にあり,原点を通る半径 $1/2a$ の円の方程式である.すなわち,あるフェーザの軌跡が虚軸に平行な直線であるときは,その逆数のフェーザの軌跡は,中心が実軸上にある原点を通る円となる.

4) 虚部が一定のフェーザの逆数の軌跡

フェーザ X が実軸に平行な直線を描くとき,その逆数の $1/X$ なるフェーザの軌跡を考えてみる.今度は式 (3.59) より変数 a を消去すれば,

$$x^2 + \left(y + \frac{1}{2b}\right)^2 = \frac{a^2}{(a^2+b^2)^2} + \frac{(b^2-a^2)^2}{4b^2(a^2+b^2)^2} = \left(\frac{1}{2b}\right)^2 \tag{3.61}$$

となり,これは図 3.21(d) に示すように中心が虚軸上にあり,原点を通る半径 $1/2b$ の円の方程式である.すなわち,あるフェーザの軌跡が実軸に平行な直線であるときは,その逆数のフェーザの軌跡は,中心が虚軸上にある原点を通る円となる.

5) 直線を描くフェーザの逆数の軌跡

一般に,フェーザ X が図 3.21(e) のように P → Q → R なる直線を描くとき,その逆数のフェーザ軌跡は S → T → U なる原点を通る円の円弧となる.

6) 円を描くフェーザの逆数の軌跡

あるフェーザの先端が円を描くとき,その逆数のフェーザもまた円を描く.

d. フェーザ軌跡の写像

本項では,フェーザ軌跡が直線や円などの関数で与えられる場合,それらに対する様々な写像操作について述べる.

1) 平行移動

z をフェーザ軌跡を与えるある関数とすると,それに任意の複素数 H_1 を加えた関数のフェーザ軌跡は,図 3.22 に示すように元の関数 z の軌跡を平行移動したものとなる.

$$w = z + H_1 \tag{3.62}$$

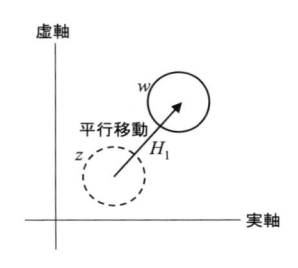

図 3.22 平行移動

2) 相似回転

z をフェーザ軌跡を与えるある関数とすると,それに任意の複素数 H_2 を乗じた関数のフェーザ軌跡は,H_2 の絶対値を $|H_2|$,その偏角を θ とすると,まず元の関数 z の軌跡を図 3.23(a) に示すように $|H_2|$ 倍するような相似変換を行い,引き続いて図 3.23(b) に示すように回転 ($e^{j\theta}$) したものとなる.

$$w = H_2 z = |H_2| e^{j\theta} z \tag{3.63}$$

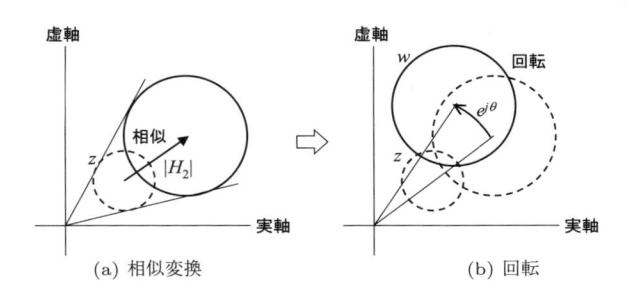

(a) 相似変換　(b) 回転

図 3.23 相似回転

3) 反転鏡像

z をフェーザ軌跡を与えるある関数とすると，それの逆数 $1/z$ のフェーザ軌跡は，まず元の関数 z の軌跡を図 3.24(a) に示すように反転し，引き続いて図 3.24(b) に示すように実軸に関して鏡像をとったものとなる．

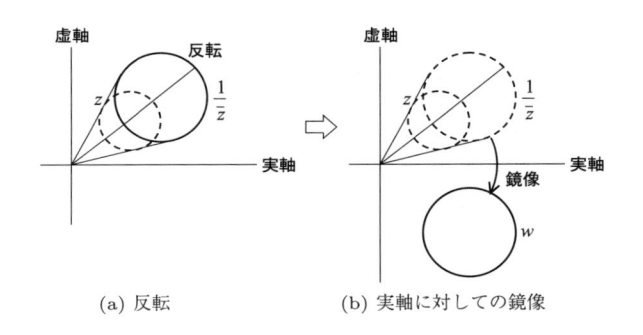

(a) 反転 　　(b) 実軸に対しての鏡像

図 3.24　反転鏡像

[例題 3.1]　図 3.25(a) に示す R と jX の直列回路および，図 3.25(b) に示す R と jX の並列回路に対して電圧，電流のフェーザ軌跡およびインピーダンスのフェーザ軌跡を描け．

(a) R と jX の直列回路　　(b) R と jX の並列回路

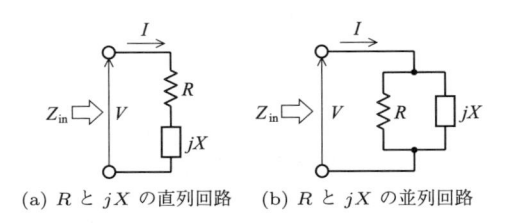

図 3.25　簡単な回路例

[解]

直列回路：R と jX の直列回路に流れる電流を I として，これを基準フェーザにとり，電圧 V のフェーザ軌跡を描いてみる．電圧 V は，$V = RI + jXI$ と表されるので，まずは X を一定として，R が可変 ($R \geq 0$) の場合の電圧フェーザ軌跡を描いてみると，図 3.26(a) に示すように，$R = 0$ の場合虚軸上の点 jXI からスタートして，R が大きくなるに従い実軸に平行に $+\infty$ まで延びる直線となる．負性抵抗を考えなければ $R < 0$ となることはないので，電圧フェーザ軌跡は $R \geq 0$ の領域のみの半無

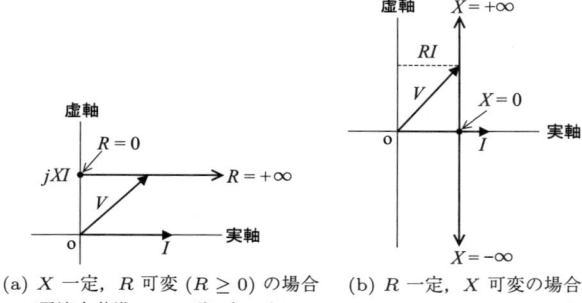

(a) X 一定，R 可変 $(R \geq 0)$ の場合
(電流を基準フェーザにとった)

(b) R 一定，X 可変の場合

図 3.26　R と jX の直列回路の電圧線図

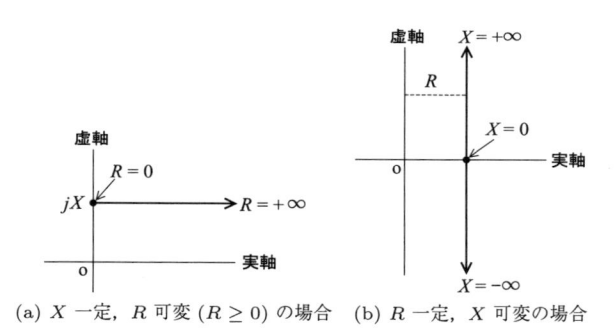

(a) X 一定，R 可変 $(R \geq 0)$ の場合　(b) R 一定，X 可変の場合

図 3.27　R と jX の直列回路のインピーダンス線図

限直線となる．

次に R を一定として，X が可変の場合の電圧フェーザ軌跡を描いてみると，X に関しては，誘導性か容量性かによって正にも負にもなり得るので，電圧フェーザ軌跡は図 3.26(b) に示すように，虚軸に平行に $+\infty$ から $-\infty$ まで延びる直線となる．

次に R, jX 直列回路のインピーダンス軌跡を描いてみる．インピーダンスは $Z = R + jX$ と表されるので，まずは X を一定として，R が可変 $(R \geq 0)$ の場合について描いてみると，図 3.27(a) に示すように，$R = 0$ の場合虚軸上の点 jX からスタートして，R が大きくなるに従い実軸に平行に $+\infty$ まで延びる直線となる．次に R を一定として，X が可変の場合のインピーダンス軌跡は図 3.27(b) に示すように，虚軸に平行に $+\infty$ から $-\infty$ まで延びる直線となる．インピーダンスは，$I = 1$ とした場合の電圧 V と考えれば，図 3.26 に示した電圧線図と図 3.27 に示したインピーダンス線図とは同一のものであることが分かる．

並列回路：R と jX の並列回路に印加されている電圧を V として，これを基準フェー

3.5 フェーザ図

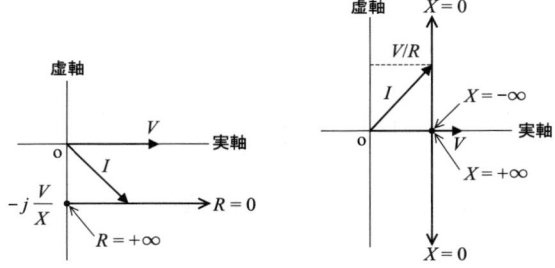

(a) X 一定, R 可変 $(R \geq 0)$ の場合
(電圧を基準フェーザにとった)

(b) R 一定, X 可変の場合

図 3.28 R と jX の並列回路の電流線図

ザにとり,電流 I のフェーザ軌跡を描いてみる.電流 I は,$I = \frac{V}{R} - j\frac{V}{X}$ と表されるので,まずは X を一定として,R が可変 $(R \geq 0)$ の場合の電流フェーザ軌跡を描いてみると,図 3.28(a) に示すように,$R = 0$ の場合は電流が $+\infty$ となってしまうので,$+\infty$ からスタートして,R が大きくなるに従い実軸に平行に虚軸上の点 $-jV/X$ に近づいてくる半無限の直線となる.

次に R を一定として,X が可変の場合の電流フェーザ軌跡を描いてみると,X に関しては,誘導性か容量性かによって正にも負にもなり得るので,電流フェーザ軌跡は図 3.28(b) に示すように,虚軸に平行に $+\infty$ から $-\infty$ まで延びる直線となる.$x < 0$ のときは実軸の上側にあり,$x \to -\infty$ に従い上から実軸上の点 V/R に近づいていく.一方 $x > 0$ のときは実軸の下側にあり,$x \to +\infty$ に従い下から実軸上の点 V/R に近づいていく.

次に R, jX 並列回路のインピーダンス軌跡を描いてみる.R, jX 並列回路のインピーダンスは,

$$Z = \frac{1}{1/R - j/X} \tag{3.64}$$

と表されるので,まずは式 (3.64) の分母の部分 (アドミタンスに対応) の $1/R - j/X$ に対して X を一定として,R が可変 $(R \geq 0)$ の場合について描いてみると,図 3.29(a) に示すように,$R = 0$ の場合は電流が $+\infty$ となってしまうので,$+\infty$ からスタートして,R が大きくなるに従い実軸に平行に虚軸上の点 $-j/X$ に近づいてくる半無限の直線となる.図 3.29(a) に示した線図の反転操作を行うと,図 3.29(b) に示すように,$R = 0$ の場合は原点に位置し,$R \to +\infty$ に従い虚軸上の点 $-jX$ に近づいていく半円が得られる.最後に実軸に対して鏡像をとることにより,図 3.29(c) に示すような第一象限に位置する半円の軌跡が得られ,これが求めるインピーダンスのフェーザ軌跡となる.

次に R を一定として X が可変 $(X > 0)$ の場合について描いてみると,式 (3.64)

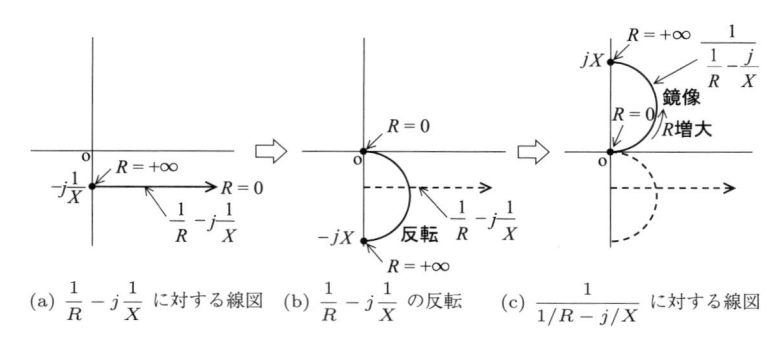

(a) $\dfrac{1}{R} - j\dfrac{1}{X}$ に対する線図　(b) $\dfrac{1}{R} - j\dfrac{1}{X}$ の反転　(c) $\dfrac{1}{1/R - j/X}$ に対する線図

図 3.29 R と jX の並列回路のインピーダンス線図, X 一定, R 可変 $(R \geq 0)$ の場合

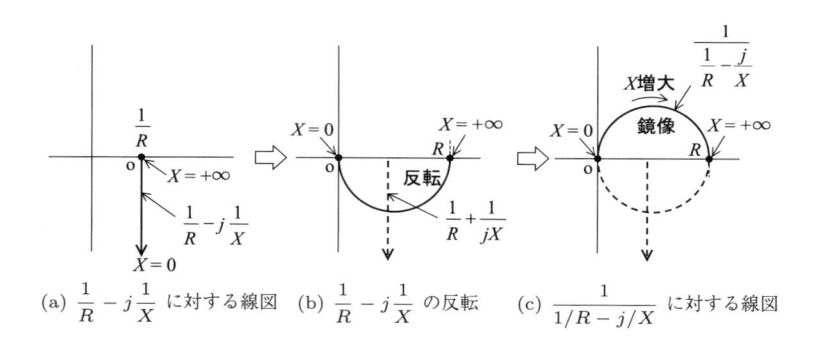

(a) $\dfrac{1}{R} - j\dfrac{1}{X}$ に対する線図　(b) $\dfrac{1}{R} - j\dfrac{1}{X}$ の反転　(c) $\dfrac{1}{1/R - j/X}$ に対する線図

図 3.30 R と jX の並列回路のインピーダンス線図, R 一定, X 可変 $(X > 0)$ の場合

の分母は図 3.30(a) に示すように, $X = 0$ の場合は電流が $-j\infty$ となってしまうので, $-j\infty$ からスタートして, X が大きくなるに従い虚軸に平行に実軸上の点 $1/R$ に近づいてくる半無限の直線となる. 図 3.30(a) に示した線図の反転操作を行うと, 図 3.30(b) に示すように, $X = 0$ の場合は原点に位置し, $X \to +\infty$ に従い実軸上の点 R に近づいていく半円が得られる. 最後に実軸に対して鏡像をとることにより, 図 3.30(c) に示すような第一象限に位置する半円の軌跡が得られ, これが求めるインピーダンスのフェーザ軌跡となる.

一方, $X < 0$ の場合については, 式 (3.64) の分母は図 3.31(a) に示すように, $X = 0$ の場合は電流が $+j\infty$ となってしまうので, $+j\infty$ からスタートして, X が小さくなるに従い虚軸に平行に実軸上の点 $1/R$ に近づいてくる半無限の直線となる. 図 3.31(a) に示した線図の反転操作を行うと, 図 3.31(b) に示すように, $X = 0$ の場合は原点に位置し, $X \to -\infty$ に従い実軸上の点 R に近づいていく半円が得られる. 最後に実軸

3.5 フェーザ図

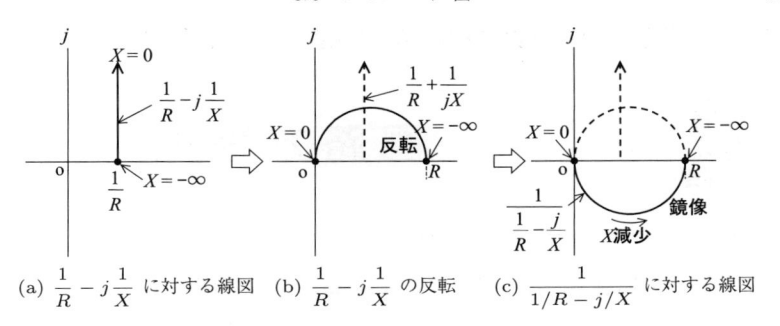

(a) $\dfrac{1}{R} - j\dfrac{1}{X}$ に対する線図　(b) $\dfrac{1}{R} - j\dfrac{1}{X}$ の反転　(c) $\dfrac{1}{1/R - j/X}$ に対する線図

図 3.31　R と jX の並列回路のインピーダンス線図，R 一定，X 可変 ($X < 0$) の場合

に対して鏡像をとることにより，図 3.31(c) に示すような第四象限に位置する半円の軌跡が得られ，これが求めるインピーダンスのフェーザ軌跡となる．

4 回路方程式

　単純な直並列回路として扱うことのできない複雑な回路に対しては，回路方程式をたてて解かなければならない．本章では，そのような複雑な回路に対しての，回路方程式のたて方および解法について学ぶ．

4.1 閉路電流法

　ここでは例として，図 4.1 に示す回路を考える．これはブリッジ回路と呼ばれているが，回路を流れる電流などを直並列回路として単純に求めることはできない．したがって，回路方程式をたてて解かなければならないが，最初に回路素子を流れる電流 (閉路電流) を未知数として解く方法について述べる．まず回路に対して独立な閉路を選ぶ．この独立な閉路の選び方については，グラフ理論によって機械的に求めることができるが，グラフ理論に関してはここでは詳しくは立ち入らないので，興味のある方は別書で学んでいただきたい．この回路に対して独立な閉路は 3 つあり，その選び方の一例を図に示す．各々の閉路に対する閉路電流を I_1, I_2, I_3 とすると，各閉路に対してキルヒホッフの第二法則を適用し，以下の式が導かれる．

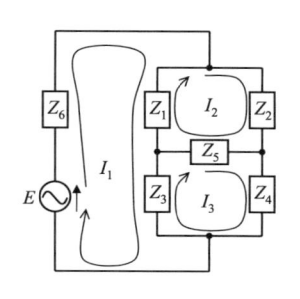

図 4.1　ブリッジ回路

閉路 1 に対して，

$$E = Z_6 I_1 + Z_1(I_1 - I_2) + Z_3(I_1 - I_3) \tag{4.1}$$

閉路 2 に対して，

$$0 = Z_1(I_2 - I_1) + Z_2 I_2 + Z_5(I_2 - I_3) \tag{4.2}$$

閉路 3 に対して，

$$0 = Z_3(I_3 - I_1) + Z_5(I_3 - I_2) + Z_4 I_3 \tag{4.3}$$

これら全ての閉路に対して成り立つ式を行列を用いて表すと，

$$\begin{bmatrix} E \\ 0 \\ 0 \end{bmatrix} = \begin{bmatrix} Z_1 + Z_3 + Z_6 & -Z_1 & Z_3 \\ -Z_1 & Z_1 + Z_2 + Z_5 & -Z_5 \\ -Z_3 & -Z_5 & Z_3 + Z_4 + Z_5 \end{bmatrix} \begin{bmatrix} I_1 \\ I_2 \\ I_3 \end{bmatrix} \tag{4.4}$$

となる．ここで，

$$[Z] = \begin{bmatrix} Z_1 + Z_3 + Z_6 & -Z_1 & Z_3 \\ -Z_1 & Z_1 + Z_2 + Z_5 & -Z_5 \\ -Z_3 & -Z_5 & Z_3 + Z_4 + Z_5 \end{bmatrix} \tag{4.5}$$

と置くと，

$$\begin{bmatrix} I_1 \\ I_2 \\ I_3 \end{bmatrix} = [Z]^{-1} \begin{bmatrix} E \\ 0 \\ 0 \end{bmatrix} \tag{4.6}$$

となり，全ての閉路電流 I_1, I_2, I_3 が求まる．このような解法を**閉路電流法**といい，式 (4.1) 〜 (4.4) を**閉路方程式**という．また行列 $[Z]$ を，インピーダンス行列や Z 行列などと呼ぶ．

4.2 節点電位法

次に，図 4.2 に示す回路を，前節の閉路電流法とは異なる方法で解いてみる．図 4.2 に示す回路は，Y_6 を電源の内部アドミタンスと考え，$Y_n = 1/Z_n$,

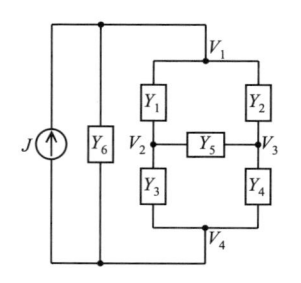

図 4.2　ブリッジ回路

$J = E/Z_6$ と置けば，図 4.1 の回路と等価である．ここでは回路の節点の電圧 (節点電位) を未知数として解く方法について述べる．まず回路内の独立な節点を選ぶ必要がある．この独立な節点の選び方についても，グラフ理論によって求めることができるが，ここでは手始めに，回路内の全ての節点に対して考えてみることにする．この回路の場合節点は 4 つあり，各々の節点に対する節点電位を V_1, V_2, V_3, V_4 とすると，各節点に対してキルヒホッフの第一法則を適用し，以下の式が導かれる．

節点 1 に対して，

$$Y_1(V_1 - V_2) + Y_2(V_1 - V_3) + Y_6(V_1 - V_4) = J \qquad (4.7)$$

節点 2 に対して，

$$Y_1(V_2 - V_1) + Y_5(V_2 - V_3) + Y_3(V_2 - V_4) = 0 \qquad (4.8)$$

節点 3 に対して，

$$Y_2(V_3 - V_1) + Y_5(V_3 - V_2) + Y_4(V_3 - V_4) = 0 \qquad (4.9)$$

節点 4 に対して，

$$Y_6(V_4 - V_1) + Y_3(V_4 - V_2) + Y_4(V_4 - V_3) = -J \qquad (4.10)$$

上式には，同じ枝を流れる電流が逆向きに各 1 回現れるので，4 つの式を加え合わせると，左辺，右辺とも 0 となる．したがって，たとえば節点 4 に関す

る式は不要なのでこれを削除し,さらに回路を解く場合には,各節点の電位ではなく,電位差が問題であるから,節点 4 を基準として $V_4 = 0$ としても差し支えない.そうなると結局上式は,以下の 3 式に帰結できる.

節点 1 に対して,

$$Y_1(V_1 - V_2) + Y_2(V_1 - V_3) + Y_6 V_1 = J \tag{4.11}$$

節点 2 に対して,

$$Y_1(V_2 - V_1) + Y_5(V_2 - V_3) + Y_3 V_2 = 0 \tag{4.12}$$

節点 3 に対して,

$$Y_2(V_3 - V_1) + Y_5(V_3 - V_2) + Y_4 V_3 = 0 \tag{4.13}$$

これらを行列を用いて表すと,

$$\begin{bmatrix} J \\ 0 \\ 0 \end{bmatrix} = \begin{bmatrix} Y_1 + Y_2 + Y_6 & -Y_1 & -Y_2 \\ -Y_1 & Y_1 + Y_3 + Y_5 & -Y_5 \\ -Y_2 & -Y_5 & Y_2 + Y_4 + Y_5 \end{bmatrix} \begin{bmatrix} V_1 \\ V_2 \\ V_3 \end{bmatrix} \tag{4.14}$$

となる.ここで,

$$[Y] = \begin{bmatrix} Y_1 + Y_2 + Y_6 & -Y_1 & -Y_2 \\ -Y_1 & Y_1 + Y_3 + Y_5 & -Y_5 \\ -Y_2 & -Y_5 & Y_2 + Y_4 + Y_5 \end{bmatrix} \tag{4.15}$$

と置くと,

$$\begin{bmatrix} V_1 \\ V_2 \\ V_3 \end{bmatrix} = [Y]^{-1} \begin{bmatrix} J \\ 0 \\ 0 \end{bmatrix} \tag{4.16}$$

となり,全ての節点電位 V_1, V_2, V_3 が求まる.このような解法を**節点電位法**といい,式 (4.7) 〜 (4.14) を**節点方程式**という.また行列 $[Y]$ を,アドミタンス行列や Y 行列などと呼ぶ.

4.3 回路の相反性

ところで，4.1節で述べた Z 行列や，4.2節で述べた Y 行列は，その非対角要素の $z_{ij} = z_{ji}$ あるいは $y_{ij} = y_{ji}$ 同士が全て等しい，いわゆる対称行列の形をしていることに気付いただろうか．この性質は回路の相反性といい，回路が線形でかつ受動回路の場合には一般的に成り立つ．しかし，増幅器や電源を含む回路のような能動回路の場合には，この関係は成り立たないので注意が必要である．受動回路においても，ジャイレータやサーキュレータ，またそれらを組み合わせることによって得られるアイソレータは，非相反回路素子であるので，回路の相反性と受動回路であることとは一般的には関係はない．つまり，上の例は受動回路でありながら非相反回路である．このような回路の相反性は，1章で述べた電気回路の諸法則のもととなっている電磁気学の基本法則の性質に基づくものである．電磁気学の分野でも，このような相反性は，複数の導体からなる導体系の各々の導体の電位と蓄えられている電荷との間の関係についても成り立っており，グリーンの相反定理として知られている．電気回路の相反性は，元を辿れば電磁気学の基本法則の時間反転性からくるものである．つまり，マクスウェル方程式をはじめとする電磁気学の一連の基本法則が，時間反転操作に対してその形を変えないことによって保証されている性質である．先に述べたアイソレータやサーキュレータは，ファラデー回転素子が磁場内で生じる特殊な性質を利用して，この時間反転性をデバイスレベルで崩すことによって得られるものである．

5 線形回路において成り立つ諸定理

本章では，線形回路において成り立つ様々な法則や定理について述べる．これらの定理や法則を用いることにより，電気回路に関する諸問題をより簡単に解くことができるようになる．これらの定理や法則の効果的な使い方を身に付けると共に，その物理的意味についてもしっかりと理解していただきたい．

5.1 線形回路

これまでに扱ってきた抵抗器やコイル，キャパシタといった回路素子は，その値が回路素子を流れる電流やその両端の電圧の値によって変化しないものと見なされてきた．しかし実際の回路素子では，たとえば抵抗器の抵抗値は流れる電流によって変化する．抵抗器に電流を流すとジュール熱が発生し，そのジュール熱による温度上昇に伴い，抵抗値は電流と共に通常は増加していく．さらに電流を増加していくとやがて抵抗器は破断して，抵抗値は無限大となる．このように，実際の抵抗器の抵抗値は決して一定ではないが，線形電気回路ではこれが一定と見なせる範囲，つまり電流による温度上昇の影響が無視できる範囲での現象を扱っている．このような仮定や近似が許される場合，回路素子に流れる電流の大きさとその両端の電圧の大きさの間には比例関係が成り立ち，こ

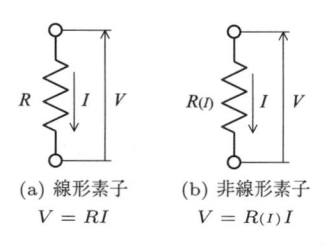

(a) 線形素子
$V = RI$

(b) 非線形素子
$V = R(I)I$

図 5.1　線形素子と非線形素子

の回路素子は**線形回路素子**と呼ばれる (図 5.1). 線形回路素子と理想電源のみからなる電気回路を**線形回路**という. 回路が線形であれば, 次節で述べる重ね合わせの理が成り立つ.

5.2 重ね合わせの理

線形回路中に複数の電源があるときの回路中の電圧, 電流の分布は, 各電源が単独にその位置に存在するときの電圧, 電流の分布の総和に等しい. これを**重ね合わせの理**と呼ぶ. この場合, 各電源が単独にその位置に存在するとは, その 1 つの電源のみを残して他の全ての電源を殺した状態であり, これを全ての電源に対して行って重ね合わせたものが, 元の複数の電源があるときの回路中の電圧, 電流分布に等しいということである. この場合, 電源を「殺す」ということは, 電圧源に対してはその電圧を 0 とすることであり, すなわち電圧源を除去して短絡することを意味し, 電流源に対してはその電流を 0 とすることであり, すなわち電流源を除去して開放することを意味する. 具体的には, 図 5.2(a) に示す回路網には 2 つの電圧源と 1 つの電流源が含まれているが, 回路網を構成する各枝の電流や各節の電位は, まず E_1 のみを生かしてその他の電源を殺した状態の図 5.2(b) における各枝の電流や各節の電位と, E_2 のみを生かしてその他の電源を殺した状態の図 5.2(c) における各枝の電流や各節の電位と, J_1 のみを生かしてその他の電源を殺した状態の図 5.2(d) における各枝の電流や各節の電位との代数和となる. つまり,

$$I = I_1 + I_2 + I_3$$
$$V = V_1 + V_2 + V_3 \tag{5.1}$$

となる. 重ね合わせの理は, 線形回路素子のみからなる線形電気回路においては, 電源電圧あるいは電流の時間波形が正弦波である場合に限らず一般的に成り立つ. つまり, 直流も含めて任意の時間波形の波は, あらゆる周波数成分の波の重ね合わせによって表されるので, 任意の時間波形の電圧あるいは電流に対しても, 各々の周波数成分に対して重ね合わせの理が成り立てばよい.

このような重ね合わせの理が成り立つのは, 回路の線形性に基づくものであ

5.2 重ね合わせの理

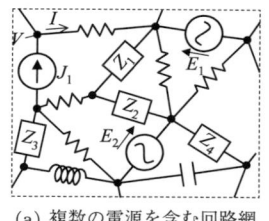

(a) 複数の電源を含む回路網

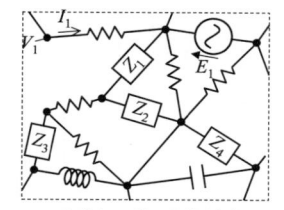

(b) E_1 のみ残して他の電源を殺したもの

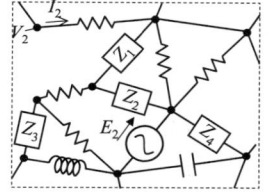

(c) E_2 のみ残して他の電源を殺したもの

(d) J_1 のみ残して他の電源を殺したもの

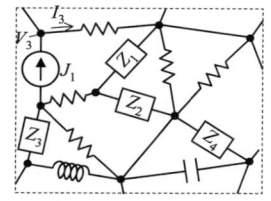

図 **5.2** 重ね合わせの理

る．つまり，回路が線形でなければ，回路素子に電流 I_1 や I_2 が単独に流れていたときの素子の値と，電流 I_1 と I_2 が同時に流れていたときの素子の値が異なるために，

$$R_{(I_1+I_2)}(I_1 + I_2) \neq R_{(I_1)}I_1 + R_{(I_2)}I_2 \tag{5.2}$$

であり，重ね合わせの理は成り立たない．重ね合わせの理は，以下のようにして証明することができる．

n 個の電圧源 $E_1, E_2, \ldots, E_n$ が存在する線形回路網において，各閉路に電流 $I_1, I_2, \ldots, I_n$ が流れていたとすれば，インピーダンス (Z) 行列を用いて以下の閉路方程式で記述できる．

$$\begin{bmatrix} E_1 \\ E_2 \\ \vdots \\ E_n \end{bmatrix} = \begin{bmatrix} z_{11} & z_{12} & \cdots & z_{1n} \\ z_{21} & z_{22} & \cdots & z_{2n} \\ \vdots & \vdots & \ddots & \vdots \\ z_{n1} & z_{n2} & \cdots & z_{nn} \end{bmatrix} \begin{bmatrix} I_1 \\ I_2 \\ \vdots \\ I_n \end{bmatrix} \tag{5.3}$$

次に E_1 のみが存在する場合の各閉路の電流を $I_{11}, I_{12}, \ldots, I_{1n}$ とすれば，回路が線形であるから Z 行列の値は回路を流れる電流の値によらず普遍であり，

$$\begin{bmatrix} E_1 \\ 0 \\ \vdots \\ 0 \end{bmatrix} = \begin{bmatrix} z_{11} & z_{12} & \cdots & z_{1n} \\ z_{21} & z_{22} & \cdots & z_{2n} \\ \vdots & \vdots & \ddots & \vdots \\ z_{n1} & z_{n2} & \cdots & z_{nn} \end{bmatrix} \begin{bmatrix} I_{11} \\ I_{12} \\ \vdots \\ I_{1n} \end{bmatrix} \quad (5.4)$$

同様に E_2 のみが存在する場合の各閉路の電流を $I_{21}, I_{22}, \ldots, I_{2n}$ とすれば,

$$\begin{bmatrix} 0 \\ E_2 \\ \vdots \\ 0 \end{bmatrix} = \begin{bmatrix} z_{11} & z_{12} & \cdots & z_{1n} \\ z_{21} & z_{22} & \cdots & z_{2n} \\ \vdots & \vdots & \ddots & \vdots \\ z_{n1} & z_{n2} & \cdots & z_{nn} \end{bmatrix} \begin{bmatrix} I_{21} \\ I_{22} \\ \vdots \\ I_{2n} \end{bmatrix} \quad (5.5)$$

さらに E_n のみが存在する場合の各閉路の電流を $I_{n1}, I_{n2}, \ldots, I_{nn}$ とすれば,

$$\begin{bmatrix} 0 \\ 0 \\ \vdots \\ E_n \end{bmatrix} = \begin{bmatrix} z_{11} & z_{12} & \cdots & z_{1n} \\ z_{21} & z_{22} & \cdots & z_{2n} \\ \vdots & \vdots & \ddots & \vdots \\ z_{n1} & z_{n2} & \cdots & z_{nn} \end{bmatrix} \begin{bmatrix} I_{n1} \\ I_{n2} \\ \vdots \\ I_{nn} \end{bmatrix} \quad (5.6)$$

式 (5.4)〜式 (5.6) の左辺同士, 右辺同士を足し合わせると,

$$\begin{aligned} \begin{bmatrix} E_1 \\ E_2 \\ \vdots \\ E_n \end{bmatrix} &= \begin{bmatrix} E_1 \\ 0 \\ \vdots \\ 0 \end{bmatrix} + \begin{bmatrix} 0 \\ E_2 \\ \vdots \\ 0 \end{bmatrix} + \cdots + \begin{bmatrix} 0 \\ 0 \\ \vdots \\ E_n \end{bmatrix} \\ &= \begin{bmatrix} z_{11} & z_{12} & \cdots & z_{1n} \\ z_{21} & z_{22} & \cdots & z_{2n} \\ \vdots & \vdots & \ddots & \vdots \\ z_{n1} & z_{n2} & \cdots & z_{nn} \end{bmatrix} \left(\begin{bmatrix} I_{11} \\ I_{12} \\ \vdots \\ I_{1n} \end{bmatrix} + \begin{bmatrix} I_{21} \\ I_{22} \\ \vdots \\ I_{2n} \end{bmatrix} + \cdots + \begin{bmatrix} I_{n1} \\ I_{n2} \\ \vdots \\ I_{nn} \end{bmatrix} \right) \end{aligned} \quad (5.7)$$

式 (5.7) と式 (5.3) とを比較すると,

$$
\begin{bmatrix} I_1 \\ I_2 \\ \vdots \\ I_n \end{bmatrix} = \begin{bmatrix} I_{11} \\ I_{12} \\ \vdots \\ I_{1n} \end{bmatrix} + \begin{bmatrix} I_{21} \\ I_{22} \\ \vdots \\ I_{2n} \end{bmatrix} + \cdots + \begin{bmatrix} I_{n1} \\ I_{n2} \\ \vdots \\ I_{nn} \end{bmatrix} \tag{5.8}
$$

すなわち，元の回路を流れる電流の値は，各電源が単独に存在する場合の電流の総和となる．以上の証明は，複数の電圧源のみからなる回路について行ったが，複数の電流源からなる回路，あるいは電圧源と電流源が混在する回路についても節点方程式および閉路方程式を用いることによって同様に行うことができる．各自で試みてほしい．

[**例題 5.1**] 図 5.3(a) に示す回路において，重ね合わせの理を用いて電流 I を求めよ．

[**解**] まず，電圧源 E のみ残し，他の電源を殺した図 5.3(b) の回路について I_1 を求めると，
$$I_1 = \frac{E}{2R}$$
次に，電圧源 $2E$ のみ残し，他の電源を殺した図 5.3(c) の回路について I_2 を求めると，
$$I_2 = -\frac{E}{2R}$$
最後に，電流源 J のみ残し，他の電源を殺した図 5.3(d) の回路について I_3 を求めると，
$$I_3 = -\frac{J}{2}$$

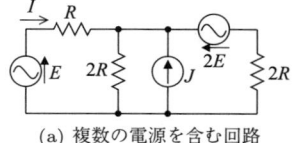

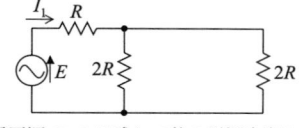

(a) 複数の電源を含む回路

(b) 電圧源 E のみ残して他の電源を殺した回路

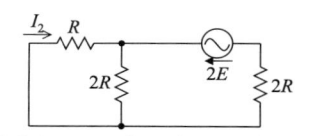

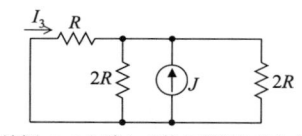

(c) 電圧源 $2E$ のみ残して他の電源を殺した回路

(d) 電流源 J のみ残して他の電源を殺した回路

図 **5.3** 重ね合わせの理を用いた電流の求め方

したがって，重ね合わせの理より，

$$I = I_1 + I_2 + I_3 = -\frac{J}{2}$$

5.3 回路の双対性

電気回路における法則や記述は，多くの場合2つずつ対をなして現れる．たとえば，電圧と電流，抵抗とコンダクタンス，直列と並列などがそれに当たり，この対応関係にある概念は双対といわれる．表5.1に，電気回路において双対関係にある回路素子や概念の一例を示す．ある電気回路に対して成立する関係式があるとき，その関係式に対して電圧と電流とを入れ換えた式もまた成立し，この新たな関係式を満足するような電気回路があるとき，このような2つの回路を互いに双対回路という．双対な回路を求めるには，図5.4に示すように，まず原回路のグラフに対して双対なグラフを求め，原グラフの枝と双対グラフの枝とが相交わる枝同士で，原回路の素子をそれと双対な素子に入れ換えてやればよい．このとき注意すべきことは，電圧源や電流源，ダイオード素子や端子対などは，その極性に注意して入れ換えを行う必要がある．このような極性が

表 5.1 双対関係にある素子や概念の例

双対関係にある素子などの例		双対関係にある概念の例	
電圧 V	電流 I	直列接続	並列接続
インピーダンス Z	アドミタンス Y	短絡	開放
抵抗 R	コンダクタンス G	閉路	カットセット
インダクタンス L	キャパシタンス C	Y 型接続	Δ 型接続
リアクタンス X	サセプタンス B	キルヒホッフの第二法則	キルヒホッフの第一法則
電圧源 E	電流源 J		

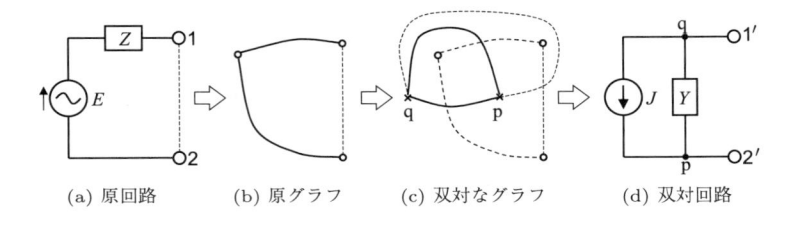

(a) 原回路　(b) 原グラフ　(c) 双対なグラフ　(d) 双対回路

図 5.4 双対回路の求め方

5.3 回路の双対性

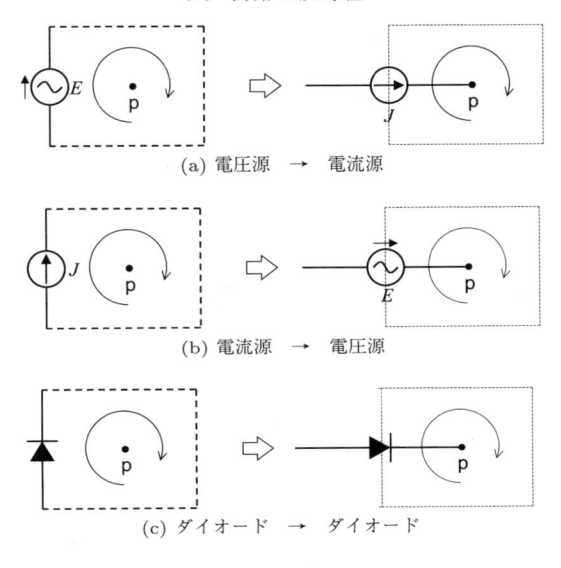

(a) 電圧源 → 電流源

(b) 電流源 → 電圧源

(c) ダイオード → ダイオード

図 5.5 極性のある素子の扱い

ある素子の扱いについては，図 5.5 にその一例を示す．電圧源をそれと双対な電流源に置き換える場合には，図 5.5(a) に示すように，原回路で点 p を囲んで時計回りに電圧が上昇 (降下) する電圧源なら，新回路では点 p の方向 (点 p から出る方向) に電流を流す電流源になる．電流源を電圧源に置き換える場合には，図 5.5(b) に示すように，原回路で点 p を囲んで時計回りに (反時計回りに) 電流を流す電流源なら，新回路では点 p の方向に電圧が上昇 (降下) する電圧源になる．ダイオードは双対変換においてもダイオードに置き換えられ，図 5.5(c) に示すように，原回路で点 p を囲んで時計回りに順方向 (逆方向) となるダイオードなら，新回路では p の向きに順方向 (逆方向) のダイオードとなる．このように，極性のある素子については，その極性に注意して変換を行う必要がある．図 5.4 に示す双対回路には，電圧源や端子対など極性を有する素子が含まれているが，この方法に従って双対変換を行っている．

[例題 5.2] 図 5.6(a) に示す回路に双対な回路を求めよ．

[解] まず，元の回路のグラフは，図 5.6(b) で表される．次に，そのグラフに対して双対なグラフは，図 5.6(c) で表される．そして，原グラフの枝と双対グラフの枝とが相交わる枝同士で，原回路の素子をそれと双対な素子に入れ換えると，図 5.6(d) で

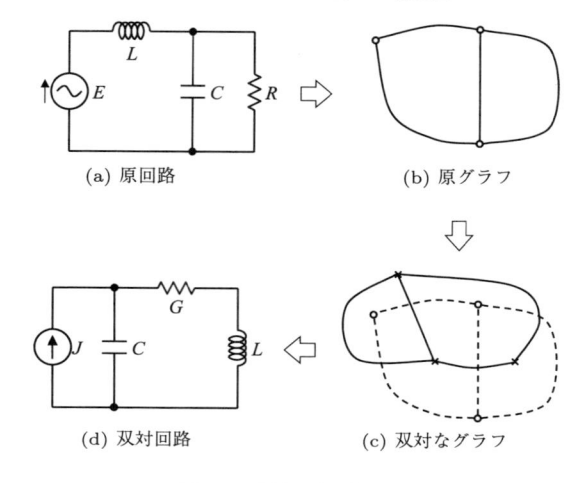

図 5.6 双対回路の求め方

表される双対な回路が得られる．

5.4 逆回路と定抵抗回路

2つの二端子回路があり，そのインピーダンスを Z_1, Z_2 とするとき，その積が周波数 ω に関係なく $Z_1 Z_2 = K^2$ (ただし，K は ω に依存しない定数) となるならば，2つの回路は K に関して互いに逆回路であるという．表 5.2 に逆回路の関係にある回路素子および回路の一例を示す．逆回路は，元となる回路に対して双対な回路によって得られるが，単に $Z_1 Z_2 = K^2$ の関係を満たしさえしていればよく，構造的な双対性は必ずしも要求されてはいないので，一般には種々の逆回路が存在し得る．

[例題 5.3] 図 5.7(a) に示す回路において，K に関しての逆回路を求めよ．
[解] 前述のように，逆回路を求めるに当たって構造的な双対性は必ずしも必要ではないが，ここでは双対関係を使って逆回路を導出してみる．元の回路のグラフに対してまず原グラフを描くと，図 5.7(b) に示すように表される．次に，原グラフに対して双対なグラフは，図 5.7(c) に示すように表される．原グラフの枝と双対グラフの枝とが相交わる枝同士で，原回路の素子をそれと逆回路の関係にある素子に入れ換えると，図 5.7(d) に示すように逆回路が得られる．

逆回路を用いると，L, C などのリアクタンス素子を含みながらもインピーダ

5.4 逆回路と定抵抗回路

表 5.2 逆回路の関係にある素子や回路の例

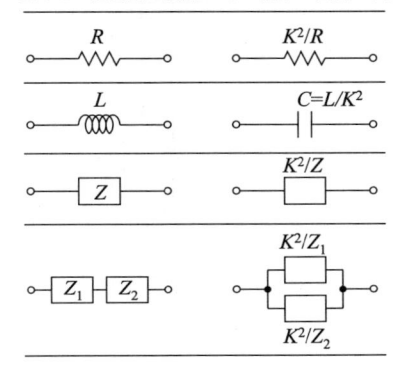

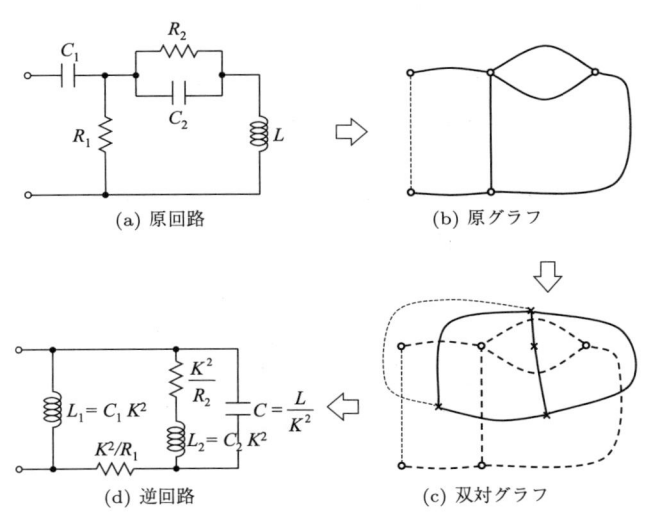

R	K^2/R
L	$C = L/K^2$
Z	K^2/Z
Z_1—Z_2	$K^2/Z_1 \parallel K^2/Z_2$

図 5.7 逆回路の求め方

(a) 原回路 (b) 原グラフ (c) 双対グラフ (d) 逆回路

ンスが ω に依存しない二端子対回路を作ることができる.これを**定抵抗回路**といい,図 5.8 に示す回路のインピーダンスはいずれも R となり,ω には依存しない定抵抗回路である.

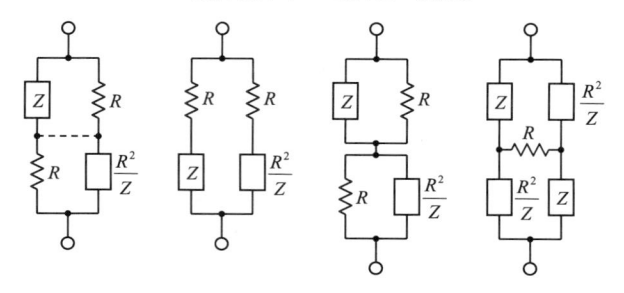

図 5.8　定抵抗回路の例

5.5　相反定理

内部に電源を含まない線形回路において，図 5.9(a) に示すように枝 p に電圧源 E_p を入れた場合に，枝 q を短絡した場合に流れる電流を I_q，逆に図 5.9(b) に示すように枝 q に電圧源 E_q' を入れた場合に枝 p を短絡した場合に流れる電流を I_p' とすると，$E_p I_p' = E_q' I_q$ となる．これを**相反定理**といい，このような関係が成り立つ回路を**相反回路**という．これに双対な場合として，図 5.9(c) に

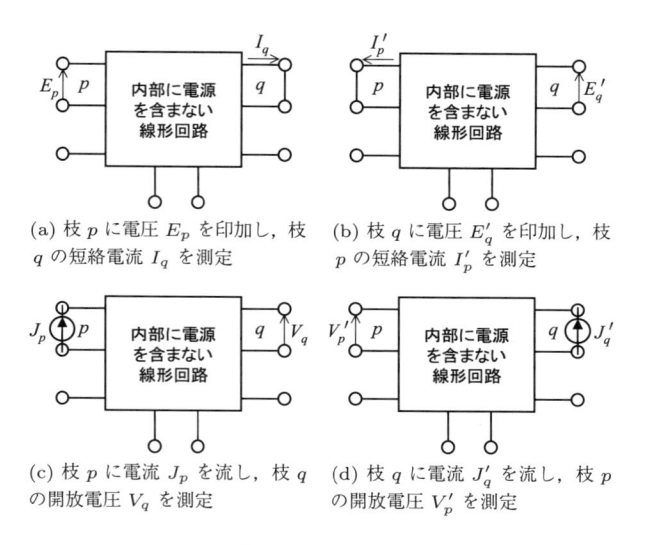

(a) 枝 p に電圧 E_p を印加し，枝 q の短絡電流 I_q を測定

(b) 枝 q に電圧 E_q' を印加し，枝 p の短絡電流 I_p' を測定

(c) 枝 p に電流 J_p を流し，枝 q の開放電圧 V_q を測定

(d) 枝 q に電流 J_q' を流し，枝 p の開放電圧 V_p' を測定

図 5.9　相反定理

5.5 相反定理

示すように枝 p に電流源 J_p を入れた場合に，枝 q に現れる電圧を V_q，逆に図 5.9(d) に示すように枝 q に電流源 J'_q を入れた場合に枝 p に現れる電圧を V'_p とすると，$J_p V'_p = J'_q V_q$ となる．これも相反定理である．相反定理は，以下のようにして証明することができる．

線形回路網において，図 5.10(a) に示すように各閉路に電圧源 $E_1, E_2, \ldots, E_n$ があるとき，各閉路の電流を $I_1, I_2, \ldots, I_n$ とすると，Z 行列を用いて以下の閉路方程式で記述できる．

$$\begin{bmatrix} E_1 \\ E_2 \\ \vdots \\ E_n \end{bmatrix} = \begin{bmatrix} z_{11} & z_{12} & \cdots & z_{1n} \\ z_{21} & z_{22} & \cdots & z_{2n} \\ \vdots & \vdots & \ddots & \vdots \\ z_{n1} & z_{n2} & \cdots & z_{nn} \end{bmatrix} \begin{bmatrix} I_1 \\ I_2 \\ \vdots \\ I_n \end{bmatrix} \tag{5.9}$$

ただし回路が線形ならば，Z 行列は素子を流れる電流値によらず普遍であり，また，回路が相反回路ならば，4 章で述べたように $z_{jk} = z_{kj}$ が成り立つ．つまり Z 行列は対称行列となる．したがって，今度は図 5.10(b) に示すように各閉路に電圧源 $E'_1, E'_2, \ldots, E'_n$ を繋いだとき，各閉路の電流値を $I'_1, I'_2, \ldots, I'_n$ とすると，

$$\begin{bmatrix} E'_1 \\ E'_2 \\ \vdots \\ E'_n \end{bmatrix} = \begin{bmatrix} z_{11} & z_{12} & \cdots & z_{1n} \\ z_{21} & z_{22} & \cdots & z_{2n} \\ \vdots & \vdots & \ddots & \vdots \\ z_{n1} & z_{n2} & \cdots & z_{nn} \end{bmatrix} \begin{bmatrix} I'_1 \\ I'_2 \\ \vdots \\ I'_n \end{bmatrix} \tag{5.10}$$

となる．式 (5.9) から，転置行列の公式および Z 行列が対称行列であることを

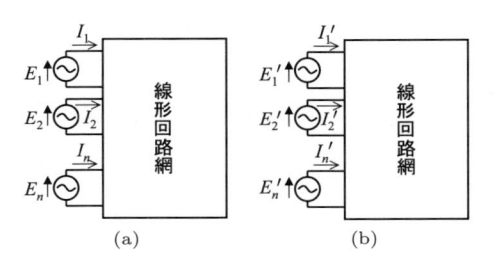

図 5.10 相反定理の証明

用いて，次式が得られる．

$$
{}^t\!\begin{bmatrix} E_1 \\ E_2 \\ \vdots \\ E_n \end{bmatrix} = {}^t\!\begin{bmatrix} I_1 \\ I_2 \\ \vdots \\ I_n \end{bmatrix} {}^t\!\begin{bmatrix} z_{11} & z_{12} & \cdots & z_{1n} \\ z_{21} & z_{22} & \cdots & z_{2n} \\ \vdots & \vdots & \ddots & \vdots \\ z_{n1} & z_{n2} & \cdots & z_{nn} \end{bmatrix} = {}^t\!\begin{bmatrix} I_1 \\ I_2 \\ \vdots \\ I_n \end{bmatrix} \begin{bmatrix} z_{11} & z_{12} & \cdots & z_{1n} \\ z_{21} & z_{22} & \cdots & z_{2n} \\ \vdots & \vdots & \ddots & \vdots \\ z_{n1} & z_{n2} & \cdots & z_{nn} \end{bmatrix}
\tag{5.11}
$$

上式の両辺に対して右から $\begin{bmatrix} I'_1 \\ I'_2 \\ \vdots \\ I'_n \end{bmatrix}$ を作用させると，

$$
{}^t\!\begin{bmatrix} E_1 \\ E_2 \\ \vdots \\ E_n \end{bmatrix} \begin{bmatrix} I'_1 \\ I'_2 \\ \vdots \\ I'_n \end{bmatrix} = {}^t\!\begin{bmatrix} I_1 \\ I_2 \\ \vdots \\ I_n \end{bmatrix} \begin{bmatrix} z_{11} & z_{12} & \cdots & z_{1n} \\ z_{21} & z_{22} & \cdots & z_{2n} \\ \vdots & \vdots & \ddots & \vdots \\ z_{n1} & z_{n2} & \cdots & z_{nn} \end{bmatrix} \begin{bmatrix} I'_1 \\ I'_2 \\ \vdots \\ I'_n \end{bmatrix}
\tag{5.12}
$$

が得られる．式 (5.10) の関係より，

$$
{}^t\!\begin{bmatrix} E_1 \\ E_2 \\ \vdots \\ E_n \end{bmatrix} \begin{bmatrix} I'_1 \\ I'_2 \\ \vdots \\ I'_n \end{bmatrix} = {}^t\!\begin{bmatrix} I_1 \\ I_2 \\ \vdots \\ I_n \end{bmatrix} \begin{bmatrix} E'_1 \\ E'_2 \\ \vdots \\ E'_n \end{bmatrix}
\tag{5.13}
$$

となり，つまり，

$$
\begin{bmatrix} E_1 & E_2 & \cdots & E_n \end{bmatrix} \begin{bmatrix} I'_1 \\ I'_2 \\ \vdots \\ I'_n \end{bmatrix} = \begin{bmatrix} I_1 & I_2 & \cdots & I_n \end{bmatrix} \begin{bmatrix} E'_1 \\ E'_2 \\ \vdots \\ E'_n \end{bmatrix}
\tag{5.14}
$$

である．したがって，

$$
E_1 I'_1 + E_2 I'_2 + \cdots + E_n I'_n = E'_1 I_1 + E'_2 I_2 + \cdots + E'_n I_n
\tag{5.15}
$$

この特別の場合として，p 番目の端子対にのみ電圧源 E_p を接続し，それ以外の端子対を短絡したとき，q 番目の端子に電流 I_q が流れたとする．次に q 番目の端子対にのみ電圧源 E'_q を接続し，それ以外の端子対を短絡したとき，p 番目の端子に電流 I'_p が流れたとすると，$E_p I'_p = E'_q I_q$ となる．したがって，相反定理は証明された．

5.6 等価電源の定理

図 5.11(a) に示すように，複数個の電圧源および複数個の電流源からなる複雑な回路の電源があったとして，その端子間に V_0 の開放電圧が現れていたとする．この電源回路の外部に任意のインピーダンスの負荷 Z を繋いだ場合の動作は，電源の中身が図 5.11(b) に示すように 1 個の理想電圧源 V_0 とそれに直列な 1 個のインピーダンス Z_0 からなる電源であるとした場合と等価である．ここで Z_0 は電源の内部インピーダンスである．このような電源を**等価電圧源**という．

あるいは図 5.12(a) に示すように，電源の端子間の短絡電流が I_0 であったとすると，電源の中身が図 5.12(b) に示すように 1 個の理想電流源 I_0 とそれに並列の 1 個のアドミタンス Y_0 からなる電源と見なした場合と等価である．こ

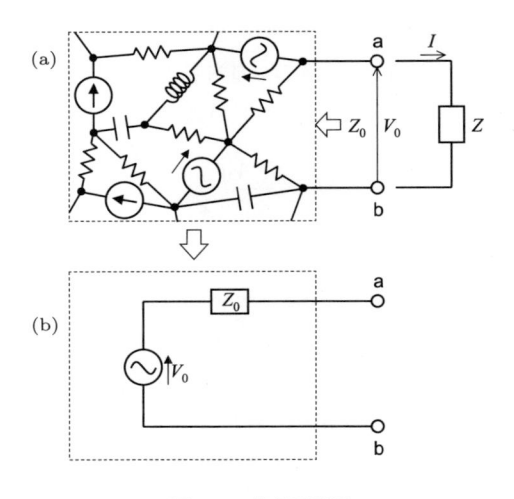

図 **5.11** 等価電圧源

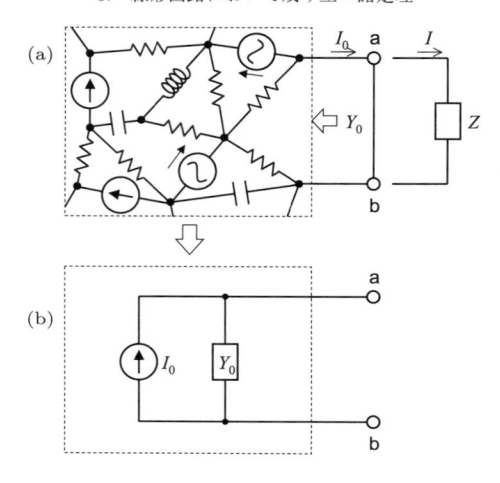

図 5.12 等価電流源

こで Y_0 は電源の内部アドミタンスであり，このような電源を**等価電流源**という．またこれらを**等価電源の定理**と呼ぶ．

このことをさらに具体的にいうと，図 5.13 に示すように，内部に電源を有する二端子線形回路 N_0 と，これに独立な内部に電源を持たない二端子線形回路 N を繋いだときに両回路間を流れる電流 I は，電源を有する二端子線形回路 N_0 の端子開放電圧を V_0，N_0 内にある電源を全て殺した状態で測定した N_0 のインピーダンス，つまり電源回路 N_0 の内部インピーダンスを Z_0，また回路 N のインピーダンスを Z とすると，以下の式で与えられる．

$$I = \frac{V_0}{Z_0 + Z} \tag{5.16}$$

これは**テブナンの定理**(日本では，鳳–テブナンの定理)，**ヘルムホルツの定理**，**等価電圧源の定理**などと呼ばれている．テブナンの定理は，電源回路 N_0 が，電圧 V_0 の理想電圧源とそれに直列の電源内部インピーダンス Z_0 からなる等価電圧源と考えると至極当然であり，容易に理解できる．等価電圧源の定理と双対な概念として，等価電流源の定理がある．以下，これについて述べる．

図 5.14 に示すように，内部に電源を有する二端子線形回路 N_0 と，これに独立な内部に電源を持たない二端子線形回路 N を繋いだときに両端子間に現れる

5.6 等価電源の定理

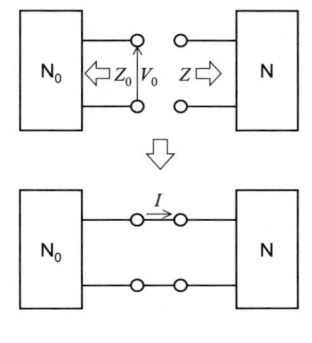

図 5.13 テブナンの定理
$$I = \frac{V_0}{Z_0 + Z}$$

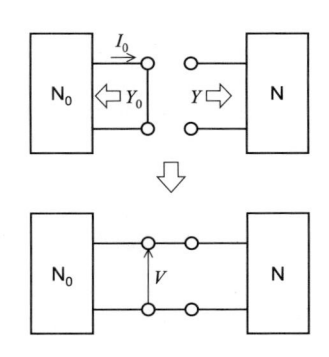

図 5.14 ノートンの定理
$$V = \frac{I_0}{Y_0 + Y}$$

電圧 V は，電源を有する二端子線形回路 N_0 の端子短絡電流を I_0，N_0 内にある電源を全て殺した状態で測定した N_0 のアドミタンス，つまり電源回路 N_0 の内部アドミタンスを Y_0，また回路 N のアドミタンスを Y とすると，以下の式で与えられる．

$$V = \frac{I_0}{Y_0 + Y} \tag{5.17}$$

これをノートンの定理あるいは**等価電流源の定理**と呼ぶ．ノートンの定理も，電源回路 N_0 が，電流 I_0 の理想電流源とそれに並列の電源内部アドミタンス Y_0 からなる等価電流源と考えると至極当然であり，容易に理解できる．等価電

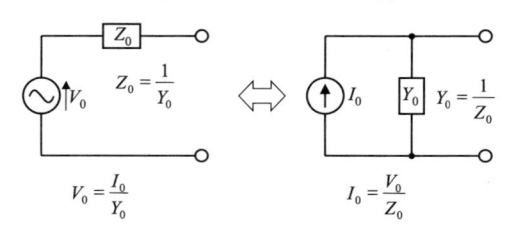

図 5.15 電圧源と電流源の置き換え

圧源と等価電流源は，図 5.15 に示す変換において互いに等価である．つまり，図に示す変換によって電圧源を電流源に，あるいはその逆に電流源を電圧源に置き換えてやっても，外部回路に対しては全く同様に機能する．

5.7 補 償 定 理

図 5.16(a) に示すように，電流 I_k が流れている線形回路網中の任意の枝 k に，図 5.16(b) に示すようにインピーダンス δZ_k を挿入するとき，挿入により生ずる回路中の各節の電圧，各枝の電流の変化量 $(\delta V_1, \delta V_2, \ldots, \delta I_1, \delta I_2, \ldots)$ は，図 5.16(c) に示すように，回路中の電源を全て殺し，インピーダンス δZ_k を挿入した状態において δZ_k に直列に I_k と逆向きに電圧 $-\delta Z_k I_k$ なる補償電圧源を加えた場合の電圧，電流に等しい．これを**補償定理**という．補償定理は，以下のようにして証明することができる．

インピーダンス δZ_k を挿入する前の線形回路網 (図 5.16(a)) に対しては，以下の式が成り立つ．

$$\begin{bmatrix} E_1 \\ E_2 \\ \vdots \\ E_k \\ \vdots \\ E_q \end{bmatrix} = \begin{bmatrix} z_{11} & z_{12} & \cdots & z_{1k} & \cdots & z_{1q} \\ z_{21} & z_{22} & \cdots & z_{2k} & \cdots & z_{2q} \\ \vdots & \vdots & \ddots & \vdots & & \vdots \\ z_{k1} & z_{k2} & \cdots & z_{kk} & \cdots & z_{kq} \\ \vdots & \vdots & & \vdots & \ddots & \vdots \\ z_{q1} & z_{q2} & \cdots & z_{qk} & \cdots & z_{qq} \end{bmatrix} \begin{bmatrix} I_1 \\ I_2 \\ \vdots \\ I_k \\ \vdots \\ I_q \end{bmatrix} \quad (5.18)$$

また，図 5.16(b) に示すように，電流 I_k が流れている枝 k にインピーダンス

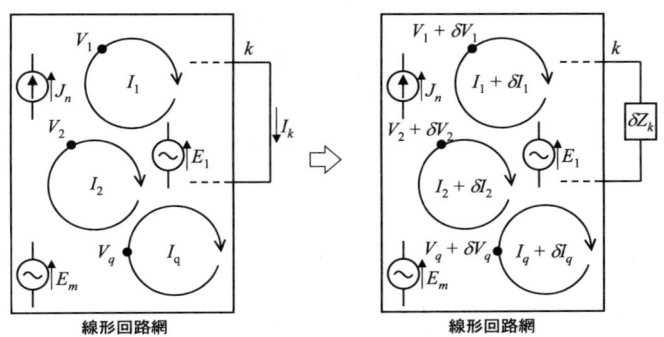

5.7 補償定理

(a) 枝 k に I_k が流れている線形回路網

(b) 枝 k にインピーダンス δZ_k を挿入

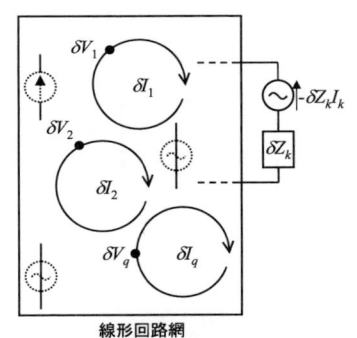

(c) 補償電圧源の印加

図 **5.16** 補償定理

δZ_k を挿入すると,

$$\begin{bmatrix} E_1 \\ E_2 \\ \vdots \\ E_k \\ \vdots \\ E_q \end{bmatrix} = \begin{bmatrix} z_{11} & z_{12} & \cdots & z_{1k} & \cdots & z_{1q} \\ z_{21} & z_{22} & \cdots & z_{2k} & \cdots & z_{2q} \\ \vdots & \vdots & \ddots & \vdots & & \vdots \\ z_{k1} & z_{k2} & \cdots & z_{kk}+\delta Z_k & \cdots & z_{kq} \\ \vdots & \vdots & & \vdots & \ddots & \vdots \\ z_{q1} & z_{q2} & \cdots & z_{qk} & \cdots & z_{qq} \end{bmatrix} \begin{bmatrix} I_1+\delta I_1 \\ I_2+\delta I_2 \\ \vdots \\ I_k+\delta I_k \\ \vdots \\ I_q+\delta I_q \end{bmatrix} \quad (5.19)$$

となる. ここで, z_{kk} は k 番目の閉路に関する自己インピーダンスであり, その値を δZ_k だけ増加させることを意味している. この場合, k 番目の閉路の自

己インピーダンスにもたらされる変化が,全体回路の中のそれ以外の閉路の自己インピーダンスや相互インピーダンス (Z 行列の非対角要素) には影響を及ぼさないという仮定を暗にしている.このような仮定が成り立つためには,一般的に枝 k にもたらされるインピーダンスの変化量 δZ_k が,枝 k の自己インピーダンスの値に比べて非常に小さい,つまり $z_{kk} \gg \delta Z_k$ という条件が必要である.

次に,計算を簡単にするために,

$$[E] = \begin{bmatrix} E_1 \\ E_2 \\ \vdots \\ E_k \\ \vdots \\ E_q \end{bmatrix}, \quad [I] = \begin{bmatrix} I_1 \\ I_2 \\ \vdots \\ I_k \\ \vdots \\ I_q \end{bmatrix}, \quad [Z] = \begin{bmatrix} z_{11} & z_{12} & \cdots & z_{1k} & \cdots & z_{1q} \\ z_{21} & z_{22} & \cdots & z_{2k} & \cdots & z_{2q} \\ \vdots & \vdots & \ddots & \vdots & & \vdots \\ z_{k1} & z_{k2} & \cdots & z_{kk} & & z_{kq} \\ \vdots & \vdots & & \vdots & \ddots & \vdots \\ z_{q1} & z_{q2} & \cdots & z_{qk} & \cdots & z_{qq} \end{bmatrix} \tag{5.20}$$

$$[\delta I] = \begin{bmatrix} \delta I_1 \\ \delta I_2 \\ \vdots \\ \delta I_k \\ \vdots \\ \delta I_q \end{bmatrix}, \quad [\delta Z] = \begin{bmatrix} 0 & 0 & \cdots & 0 & \cdots & 0 \\ 0 & 0 & \cdots & 0 & \cdots & 0 \\ \vdots & \vdots & \ddots & \vdots & & \vdots \\ 0 & 0 & \cdots & \delta Z_k & \cdots & 0 \\ \vdots & \vdots & & \vdots & \ddots & \vdots \\ 0 & 0 & \cdots & 0 & \cdots & 0 \end{bmatrix} \tag{5.21}$$

と置くと,式 (5.19) は以下のように書ける.

$$[E] = \{[Z] + [\delta Z]\}\{[I] + [\delta I]\} \tag{5.22}$$

したがって,

$$\begin{aligned}[E] &= \{[Z] + [\delta Z]\}[I] + \{[Z] + [\delta Z]\}[\delta I] \\ &= [Z][I] + [\delta Z][I] + \{[Z] + [\delta Z]\}[\delta I]\end{aligned} \tag{5.23}$$

式 (5.18) の関係 $[E] = [Z][I]$ を用いると上式は，

$$-[\delta Z][I] = \{[Z] + [\delta Z]\}[\delta I] \tag{5.24}$$

行列の全成分を表示して書くと上式は，

$$\begin{bmatrix} 0 \\ 0 \\ \vdots \\ -\delta Z_k I_k \\ \vdots \\ 0 \end{bmatrix} = \begin{bmatrix} z_{11} & z_{12} & \cdots & z_{1k} & \cdots & z_{1q} \\ z_{21} & z_{22} & \cdots & z_{2k} & \cdots & z_{2q} \\ \vdots & \vdots & \ddots & \vdots & & \vdots \\ z_{k1} & z_{k2} & \cdots & z_{kk}+\delta Z_k & \cdots & z_{kq} \\ \vdots & \vdots & & \vdots & \ddots & \vdots \\ z_{q1} & z_{q2} & \cdots & z_{qk} & \cdots & z_{qq} \end{bmatrix} \begin{bmatrix} \delta I_1 \\ \delta I_2 \\ \vdots \\ \delta I_k \\ \vdots \\ \delta I_q \end{bmatrix} \tag{5.25}$$

この式 (5.25) が表していることは，図 5.16(c) に示すように，先の線形回路網において回路中の全ての電圧源を殺し，電流 I_k が流れていた枝に，他の枝のインピーダンスには影響を及ぼさないようにインピーダンス δZ_k と電圧源 $-\delta Z_k I_k$ を挿入したとき，各枝には各々 $\delta I_1, \delta I_2, \ldots, \delta I_q$ の電流が流れるということである．これは正しく，補償定理を表している．

演 習 問 題

5.1 図に示す回路の抵抗 R_4 を流れる電流 I_4 を求めよ．

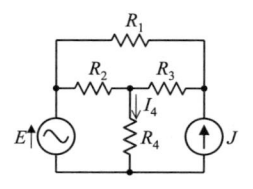

5.2 図 (a) に示す回路網のインピーダンス Z_1 に直列に電圧 $|E_1| = 100$ [V] を加え

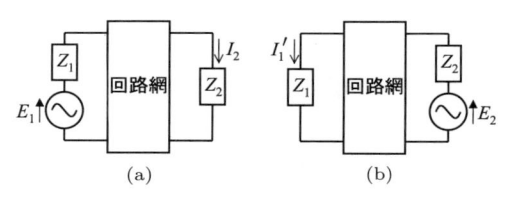

たとき，Z_2 には $|I_2| = 5$ A の電流が流れた．次に，図 (b) に示すように電圧源 E_1 を取り除いて Z_1 に $|I_1'| = 3$ A の電流を流すためには，Z_2 に直列にいくらの電圧 E_2 を加えればよいか．

5.3 図に示す回路に等価な電流源を導出し，端子 A–B 間に抵抗 R_3 を接続したとき，R_3 を流れる電流 I_3 を求めよ．

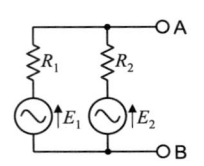

5.4 図に示す回路網の端子 A–B 間に電圧 $|E| = 100$ [V] が現れており，A–B 間の開放インピーダンスが $Z_0 = 8 + j14$ [Ω] であるとき，A–B 間にインピーダンス Z を接続したところ，$I = 3 + j4$ [A] の電流が流れた．インピーダンス Z はいくらか．

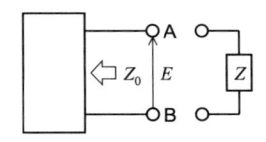

朝倉書店〈電気・電子工学関連書〉ご案内

モータの事典
曽根 悟・松井信行・堀 洋一編
B5判 528頁 定価21000円（本体20000円）（22149-7）

モータを中心とする電気機器は今や日常生活に欠かせない。本書は，必ずしも電気機器を専門的に学んでいない人でも，モータを選んで活用する立場になった時，基本技術と周辺技術の全貌と基礎を理解できるように解説。〔内容〕基礎編：モータの基礎知識／電機制御系の基礎／基本的なモータ／小型モータ／特殊モータ／交流可変速駆動／機械的負荷の特性。応用編：交通・電気鉄道／産業ドライブシステム／産業エレクトロニクス／家庭電器・AV・OA／電動機設計支援ツール／他

電子回路ハンドブック
藤井信生・関根慶太郎・高木茂孝・兵庫 明編
B5判 464頁 定価21000円（本体20000円）（22147-3）

電子回路に関して，基礎から応用までを本格的かつ体系的に解説したわが国唯一の総合ハンドブック。大学・産業界の第一線研究者・技術者により執筆され，500余にのぼる豊富な回路図を掲載し，"芯のとおった"構成を実現。なお，本書はディジタル電子回路を念頭に入れつつも回路の基本となるアナログ電子回路をメインとした。〔内容〕I.電子回路の基礎／II.増幅回路設計／III.応用回路／IV.アナログ集積回路／V.もう一歩進んだアナログ回路技術の基本

電力工学ハンドブック
宅間 董・高橋一弘・柳父 悟著
A5判 768頁 定価27300円（本体26000円）（22041-4）

電力工学は発電，送電，変電，配電を骨幹とする電力システムとその関連技術を対象とするものである。本書は，巨大複雑化した電力分野の基本となる技術をとりまとめ，その全貌と基礎を理解できるよう解説。〔内容〕電力利用の歴史と展望／エネルギー資源／電力系統の基礎特性／電力系統の計画と運用／高電圧絶縁／大電流現象／環境問題／発電設備（水力・火力・原子力）／分散型電源／送電設備／変電設備／配電・屋内設備／パワーエレクトロニクス機器／超電導機器／電力応用

電子物性・材料の事典
森泉豊栄・岩本光正・小田俊理・山本 寛・川名明夫編
A5判 696頁 定価24150円（本体23000円）（22150-3）

現代の情報化社会を支える電子機器は物性の基礎の上に材料やデバイスが発展している。本書は機械系・バイオ系にも視点を広げながら"材料の説明だけでなく，その機能をいかに引き出すか"という観点で記述する総合事典。〔内容〕基礎物性（電子輸送・光物性・磁性・熱物性・物質の性質）／評価・作製技術／電子デバイス／光デバイス／磁性・スピンデバイス／超伝導デバイス／有機・分子デバイス／バイオ・ケミカルデバイス／熱電デバイス／電気機械デバイス／電気化学デバイス

電子材料ハンドブック
木村忠正・八百隆文・奥村次徳・豊田太郎編
B5判 1012頁 定価40950円（本体39000円）（22151-0）

材料全般にわたる知識を網羅するとともに，各領域における材料の新しい材料への発展を明らかにし，基礎・応用の研究を行う学生から研究者・技術者にとって十分役立つよう詳説。また，専門外の技術者・開発者にとっても有用な情報源となることも意図する。〔内容〕材料基礎／金属材料／半導体材料／誘電体材料／磁性材料・スピンエレクトロニクス材料／超伝導材料／光機能材料／セラミックス材料／有機材料／カーボン系材料／材料プロセス／材料評価／種々の基本データ

電気・電子工学テキストシリーズ
読みやすく工夫された新テキストシリーズ

1. 電気・電子計測
菅 博・玉野和保・井出英人・米沢良治著
B5判 152頁 定価3045円（本体2900円）（22831-1）

工科系学生向けテキスト。電気・電子計測の基礎から順を追って平易に解説。〔内容〕第1編「電磁気計測」（19教程）—測定の基礎／電気計器／検流計／他。第2編「電気計測」（13教程）—電子計測システム／センサ／データ変換／変換器／他

2. 電気機器
山下英生・猪上憲治・舩曳繁之・西村 亮著
B5判 160頁 定価3360円（本体3200円）（22832-8）

電気機器の動作を理解する上での基礎的な現象から説き起こし、パワーエレクトロニクスまでを包括した簡明かつ広範な内容のテキスト。〔内容〕電気機器の基礎／変圧器の原理および理論／三相同期発電機の原理／パワーエレクトロニクス

3. 電気回路
中村正孝・沖根光夫・重広孝則著
B5判 160頁 定価3360円（本体3200円）（22833-5）

工科系学生向けのテキスト。電気回路の基礎から丁寧に説き起こす。〔内容〕交流電圧・電流・電力／交流回路／回路方程式と諸定理／リアクタンス1端子対回路の合成／3相交流回路／非正弦波交流回路／分布定数回路／基本回路の過渡現象／他

4. シミュレーション工学
高橋勝彦・関 庸一・平川保博・伊呂原隆・森川克己著
B5判 148頁 定価3150円（本体3000円）（22834-2）

工科系学生向けのテキスト。シミュレーション工学の基礎から応用までを丁寧に解説。〔内容〕モデルの構築／ダイナミックなモデルのシミュレーション方法／システムダイナミクス／在庫システム／生産システム／最適化／ランダム探索／他

電気電子工学シリーズ〈全17巻〉
JABEEにも配慮し、基礎をていねいに解説した教科書シリーズ

2. 電気回路
香田 徹・吉田啓二著
A5判 264頁 定価3360円（本体3200円）（22897-7）

電気・電子系の学科で必須の電気回路を、発学年生のためにわかりやすく丁寧に解説。〔内容〕回路の変数と回路の法則／正弦波と複素数／交流回路と計算法／直列回路と共振回路／回路に関する諸定理／能動2ポート回路／3相交流回路／他

4. 電子物性
都甲 潔著
A5判 160頁 定価2940円（本体2800円）（22899-1）

電子物性の基礎から応用までを具体的に理解できるよう、わかりやすくていねいに解説した。〔内容〕量子力学の完成前夜／量子力学／統計力学／電気抵抗はなぜ生じるのか／金属・半導体・絶縁体／金属の強磁性／誘電体／格子振動／光物性

5. 電子デバイス工学
宮尾正信・佐道泰造著
A5判 120頁 定価2520円（本体2400円）（22900-4）

集積回路の中心となるトランジスタの動作原理に焦点をあてて、やさしく、ていねいに解説した。〔内容〕半導体の特徴とエネルギーバンド構造／半導体のキャリアと電気伝導／バイポーラトランジスタ／MOS型電界効果トランジスタ／他

9. ディジタル電子回路
肥川宏臣著
A5判 184頁 定価3045円（本体2900円）（22904-2）

ディジタル回路の基礎からHDLも含めた設計方法まで、わかりやすくていねいに解説した。〔内容〕論理関数の簡単化／VHDLの基礎／組合せ論理回路／フリップフロップとレジスタ／順序回路／ディジタル-アナログ変換／他

12. エネルギー変換工学
小山 純・樋口 剛著
A5判 192頁 定価3045円（本体2900円）（22907-3）

電気エネルギーは、クリーンで、比較的容易にしかも効率よく発生、輸送、制御できる。本書は、その基礎から応用までをわかりやすく解説した教科書。〔内容〕エネルギー変換概説／変圧器／直流機／同期機／誘導機／ドライブシステム

17. ベクトル解析とフーリエ解析
柁川一弘・金谷晴一著
A5判 180頁 定価3045円（本体2900円）（22912-7）

電気・電子・情報系の学科で必須の数学を、初学年生のためにわかりやすく、ていねいに解説した教科書。〔内容〕ベクトル解析の基礎／スカラー場とベクトル場の微分・積分／座標変換／フーリエ級数／複素フーリエ級数／フーリエ変換

電気・電子工学基礎シリーズ
大学学部および高専の電気・電子系の学生向けに平易に解説した教科書

5. 高電圧工学
安藤　晃・犬竹正明著
A5判 192頁 定価2940円（本体2800円）（22875-5）

広範なる工業生産分野への応用にとっての基礎となる知識および技術を解説。〔内容〕気体の性質と荷電粒子の基礎過程／気体・液体・固体中の放電現象と絶縁破壊／パルス放電と雷現象／高電圧の発生と計測／高電圧機器と安全対策／高電圧応用

6. システム制御工学
阿部健一・吉澤　誠著
A5判 164頁 定価2940円（本体2800円）（22876-2）

線形系の状態空間表現，ディジタルや非線形制御系および確率システムの制御の基礎知識を解説。〔内容〕線形システムの表現／線形システムの解析／状態空間法によるフィードバック系の設計／ディジタル制御／非線形システム／確率システム

8. 通信システム工学
安達文幸著
A5判 180頁 定価2940円（本体2800円）（22878-6）

図を多用し平易に解説。〔内容〕構成／信号のフーリエ級数展開と変換／信号伝送とシステム／対雑音電力比と雑音指数／アナログ変調（振幅変調，角度変調）／パルス振幅変調・符号変調／ディジタル変調／ディジタル伝送／多重伝送，他

15. 量子力学基礎
末光眞希・枝松圭一著
A5判 164頁 定価2720円（本体2600円）（22885-4）

量子力学成立の前史から基礎的応用まで平易解説。〔内容〕光の謎／原子構造の謎／ボーアの前期量子論／量子力学の誕生／シュレーディンガー方程式と波動関数／物理量と演算子／自由粒子の波動関数／1次元井戸型ポテンシャル中の粒子／他

16. 量子力学 －概念とベクトル・マトリクス展開－
中島康治著
A5判 200頁 定価2940円（本体2800円）（22886-1）

量子力学の概念や枠組みを理解するガイドラインを簡潔に解説。〔内容〕誕生と概要／シュレーディンガー方程式と演算子／固有方程式の解と基本的性質／波動関数と状態ベクトル／演算子とマトリクス／近似的方法／量子現象と多体系／他

21. 電子情報系の応用数学
田中和之・林　正彦・海老澤丕道著
A5判 248頁 定価3570円（本体3400円）（22891-5）

専門科目を学習するために必要となる項目の数学的定義を明確にし，例題を多く入れ，その解法を可能な限り詳細かつ平易に解説。〔内容〕フーリエ解析／複素関数／複素積分／複素関数の展開／ラプラス変換／特殊関数／2階線形偏微分方程式

実験力学ハンドブック
日本実験力学会編
B5判 656頁 定価29400円（本体28000円）（20130-7）

工学の分野では，各種力学系を中心に，コンピュータの進歩に合わせたシミュレーションの前提となる基礎的体系的理解が必要とされている。本書は各分野での実験力学の方法を述べた集大成。〔内容〕〈基礎編〉固体／流体／混相流体／熱／振動／波動／衝撃／電磁波／信号処理／画像処理／電気回路／他，〈計測法編〉変位測定／ひずみ測定／応力測定／速度測定／他，〈応用編〉高温材料／環境／原子力／土木建築／ロボット／医用工学／船舶／宇宙／資源／エネルギー／他

図説ウェーブレット変換ハンドブック
P.S.アジソン・新　誠一・中野和司監訳
A5判 408頁 定価13650円（本体13000円）（22148-0）

ウェーブレット変換の基礎理論から，科学・工学・医学への応用につき，250枚に及ぶ図・写真を多用しながら詳細に解説した実践的な書。〔内容〕連続ウェーブレット変換／離散ウェーブレット変換／流体（統計的尺度・工学的流れ・地球物理学的流れ）／工学上の検査・監視・評価（機械加工プロセス・回転機・動特性・カオス・非破壊検査・表面評価）／医学（心電図・神経電位波形・病理学的な超音波と波動・血流と血圧・医療画像）／フラクタル・金融・地球物理学・他の分野

エース パワーエレクトロニクス
エース電気・電子・情報工学シリーズ
引原隆士・木村紀之・千葉 明・大橋俊介著
A5判 160頁 定価3150円（本体3000円）（22745-1）

産業の基盤であり必要不可欠な技術であるパワエレ技術を詳細平易に説明。〔内容〕パワーエレクトロニクスの概要とスイッチング回路の基礎／電力用スイッチ素子と回路の基本動作／パワエレの回路構成と制御技術／パワエレによるモータ制御

エース 電気回路理論入門
エース電気・電子・情報工学シリーズ
奥村浩士著
A5判 164頁 定価3045円（本体2900円）（22746-8）

高校で学んだ数学と物理の知識をもとに直流回路の理論から入り，インダクタ，キャパシタを含む回路が出てきたとき微分方程式で回路の方程式をたてることにより，従来の類書にない体系的把握ができる。また，演習問題にはその詳解を記載

エース 情報通信工学
エース電気・電子・情報工学シリーズ
野村康雄・佐藤正志・前田 裕・藤井健作著
A5判 144頁 定価2940円（本体2800円）（22747-5）

従来の無線・有線・変調などに加えて，ディジタル・ネットワーク時代に対応させた新しい通信工学のテキスト。〔内容〕信号解析の基礎／振幅変調方式／角度変調方式／アナログパルス変調／波形符号化／ディジタル伝送／スペクトル拡散通信

入門ディジタル回路
入門電気・電子工学シリーズ6
岡本卓爾・森川良孝・佐藤洋一郎著
A5判 224頁 定価3360円（本体3200円）（22816-8）

基礎からていねいに，わかりやすく解説したセメスター制対応の教科書。〔内容〕半導体素子の非線形動作／波形変換回路／パルス発生回路／基本論理ゲート／論理関数とその簡単化／論理回路／演算回路／ラッチとフリップフロップ／他

新版 電気・電子計測
電気・電子・情報工学基礎講座5
新妻弘明・中鉢憲賢著
A5判 192頁 定価3570円（本体3400円）（22736-9）

電気・電子計測の基本的な考え方の理解と，最近の測定器による計測の実践的知識の習得を意図したテキスト。〔内容〕基本概念／単位系と電気標準／センサ／信号源／雑音／電磁気量／信号処理／付録：正弦波信号の複素数表示／IC演算増幅器

情報通信網（第2版）
電子・情報通信基礎シリーズ8
五嶋一彦・北見憲一著
A5判 180頁 定価3150円（本体3000円）（22793-2）

初版よりインターネットおよびプロトコル階層を充実させ，よりモダンな形でまとめた大学初年時の教科書。〔内容〕情報通信網の概要／ネットワーク基盤技術／伝達網のアーキテクチャ／プロトコル階層／通信網の設計と評価技術／通信網の具体例

ウェーブレット入門 ―数学的道具の物語―
B.B.ハバード著　山田道夫・西野 操訳
A5判 228頁 定価4200円（本体4000円）（22146-5）

類書の中での最高評価を得ている絶好のウェーブレット入門書である。本書はサイエンスライターによるフーリエ解析とウェーブレット理論の一般向け解説書である。本文の間に数学的・工学的な補足もあり，ウェーブレット理論の概要が凝縮

ウェーブレット解析の産業応用
電気学会編　新 誠一・中野和司監修
A5判 224頁 定価4725円（本体4500円）（22042-1）

時間-周波数解析ツールとしての理論的背景から，実際例を掲げながら電気工学および計測制御工学分野への応用を詳述した技術者向けの書。〔内容〕基礎理論／産業応用概論／ウェーブレット解析ツール／産業応用事例紹介（プラント分野／その他）

基礎がわかる電気磁気学
佐藤和紀・大山龍一郎・上瀧 實・春名順次・金井徳兼・高畠信也著
B5判 176頁 定価3360円（本体3200円）（22043-8）

電磁気学を初めて学ぶ人のための，「わかりやすさ」優先のテキスト。学生が出だしでつまづく部分に紙幅を割き，必要な数学，物理学の公式をまとめた章を設けた。図・絵を多用し，記述はコンパクトにまとめてある。理解を促す例題も豊富。

ISBNは978-4-254-を省略　　　　　　　　（表示価格は2008年3月現在）

朝倉書店
〒162-8707　東京都新宿区新小川町6-29
電話　直通(03) 3260-7631　FAX(03) 3260-0180
http://www.asakura.co.jp　eigyo@asakura.co.jp

6 二端子対回路

電気回路には，増幅器 (アンプ) や電気的フィルター回路のように，一方の端子対 (入力端子対) から電気信号を入力し，信号に何らかの電気的処理 (増幅やフィルタリング) を行った後に，もう一方の端子対 (出力端子対) から出力するものが多くある．このように一対の入力端子と，もう一対の出力端子を備えた回路を二端子対回路 (四端子回路) と呼ぶ．7 章で述べる伝送線路も，一種の二端子対回路と見なすことができる．本章ではこのような二端子対回路について述べる．

6.1 二端子対回路

ここでは，二端子対回路 (四端子回路) がどのような素子から構成され，個々の回路素子がどのように接続されているのかといった回路の中身については特に問題にはせず，外部回路に対する挙動についてのみ取り扱う．このため図 6.1 に示すように，2 組の端子対の間をブラックボックスと見なして，両端子間の電流・電圧の関係を論ずる．ただし，回路は線形であり，内部に電源を含まない (受動回路) ものとする．一方の端子対を入力端子対，もう一方を出力端子対と見なすと，入力端子対の一方の端子から入った電流は，必ず入力端子対のも

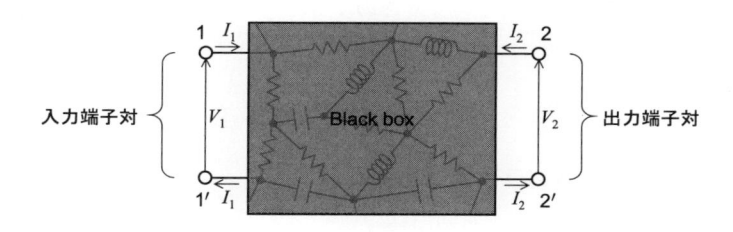

図 6.1 二端子対回路

う一方の端子に，出力端子についても同様に，一方の端子から入った電流は必ずもう一方の出力端子に出てくるような外部接続についてのみ取り扱うこととし，それ以外の接続に関しては扱わない．

6.2 インピーダンス行列

a. インピーダンスパラメータ

入出力端子の電圧，電流を図 6.1 のように定義すると，回路が線形ならば以下のように入出力端子に流れ込む電流の線形結合で表される．

$$V_1 = z_{11}I_1 + z_{12}I_2 \tag{6.1}$$

$$V_2 = z_{21}I_1 + z_{22}I_2 \tag{6.2}$$

このとき，$z_{11}, z_{12}, z_{21}, z_{22}$ は全てインピーダンスの次元を有し，**インピーダンス(Z) パラメータ**と呼ばれいてる．相反回路の場合には相反定理により，$z_{12} = z_{21}$ の関係が成り立つ．また回路が対称であれば，入力端子と出力端子を逆に接続しても全く同様に機能するので，$z_{11} = z_{22}$ である．式 (6.1) および式 (6.2) は行列を用いて以下のように表せる．

$$\begin{bmatrix} V_1 \\ V_2 \end{bmatrix} = \begin{bmatrix} z_{11} & z_{12} \\ z_{21} & z_{22} \end{bmatrix} \begin{bmatrix} I_1 \\ I_2 \end{bmatrix} \tag{6.3}$$

ここで，

$$[Z] = \begin{bmatrix} z_{11} & z_{12} \\ z_{21} & z_{22} \end{bmatrix} \tag{6.4}$$

を**インピーダンス (Z) 行列**という．このインピーダンス行列は，4 章に述べたインピーダンス行列の特殊なケース (2×2 の行列として与えられる) であると見なすことができる．

b. インピーダンスパラメータの求め方

本項では，具体的な二端子対回路について Z パラメータを求めてみる．二端子対回路において Z パラメータを求めるにはまず，図 6.2(a) に示すように出力

6.2 インピーダンス行列

図 6.2 Z 行列の求め方

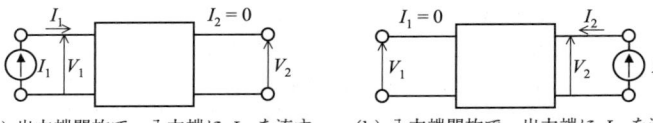

(a) 出力端開放で，入力端に I_1 を流す
(b) 入力端開放で，出力端に I_2 を流す

端を開放 ($I_2 = 0$) して，入力端に電流 I_1 を流した場合の V_1 と V_2 を求める．このとき V_1 と I_1 の比から z_{11} が，V_2 と I_1 の比から z_{21} が求まる．また，図 6.2(b) に示すように入力端を開放 ($I_1 = 0$) して，出力端に電流 I_2 を流した場合の V_1 と V_2 を求める．このとき V_1 と I_2 の比から z_{12} が，V_2 と I_2 の比から z_{22} が求まる．つまり，

$$z_{11} = \left. \frac{V_1}{I_1} \right|_{I_2=0} \tag{6.5}$$

$$z_{12} = \left. \frac{V_1}{I_2} \right|_{I_1=0} \tag{6.6}$$

$$z_{21} = \left. \frac{V_2}{I_1} \right|_{I_2=0} \tag{6.7}$$

$$z_{22} = \left. \frac{V_2}{I_2} \right|_{I_1=0} \tag{6.8}$$

であり，その意味から z_{11}, z_{22} は**開放駆動点インピーダンス**，z_{12}, z_{21} は**開放伝達インピーダンス** (伝達インピーダンスの「伝達」という言葉には，異なる端子対間にまたがって求めた電圧と電流の関係という意味合いが含まれている) と呼ばれている．

[例題 6.1] 図 6.3(a), (b) に示す回路の Z 行列を求めよ．

[解] 図 6.3(a) の回路についてはまず，出力端を開放 ($I_2 = 0$) し，入力端に電流 I_1 を流した場合の V_1 は ZI_1 であるから，$z_{11} = Z$. 次に入力端を開放 ($I_1 = 0$) して，

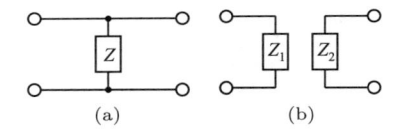

図 6.3 簡単な二端子回路の例

出力端に電流 I_2 を流した場合の V_1 は ZI_2 であるから，$z_{12} = Z$. さらに出力端を開放 ($I_2 = 0$) して，入力端に電流 I_1 を流した場合の V_2 は ZI_1 であるから，$z_{21} = Z$. そして入力端を開放 ($I_1 = 0$) して，出力端に電流 I_2 を流した場合の V_2 は ZI_2 であるから，$z_{22} = Z$. したがって，図 6.3(a) の回路に相当する Z 行列は，

$$\begin{bmatrix} Z & Z \\ Z & Z \end{bmatrix} \tag{6.9}$$

となる．$z_{12} = z_{21}$ であり，相反回路であることも確認できる．

図 6.3(b) の回路についても同様に，出力端を開放 ($I_2 = 0$) し，入力端に電流 I_1 を流した場合の V_1 は $Z_1 I_1$ であるから，$z_{11} = Z_1$. 次に入力端を開放 ($I_1 = 0$) して，出力端に電流 I_2 を流した場合の V_1 は 0 であるから，$z_{12} = 0$. さらに出力端を開放 ($I_2 = 0$) して，入力端に電流 I_1 を流した場合の V_2 も 0 であるから，$z_{21} = 0$. そして入力端を開放 ($I_1 = 0$) して，出力端に電流 I_2 を流した場合の V_2 は $Z_2 I_2$ であるから，$z_{22} = Z_2$. したがって，図 6.3(b) の回路に相当する Z 行列は，

$$\begin{bmatrix} Z_1 & 0 \\ 0 & Z_2 \end{bmatrix} \tag{6.10}$$

となる．$z_{12} = z_{21}$ であり，相反回路であることも確認できる．

c. 二端子対網の直列接続

図 6.4(a) に示すようにインピーダンス行列がそれぞれ $[Z']$, $[Z'']$ の 2 つの回路を，入出力端同士を直列に接続する場合を考える．個々の回路の Z パラメータが以下のように表される場合，

$$\begin{bmatrix} V_1' \\ V_2' \end{bmatrix} = \begin{bmatrix} z_{11}' & z_{12}' \\ z_{21}' & z_{22}' \end{bmatrix} \begin{bmatrix} I_1' \\ I_2' \end{bmatrix}, \quad \begin{bmatrix} V_1'' \\ V_2'' \end{bmatrix} = \begin{bmatrix} z_{11}'' & z_{12}'' \\ z_{21}'' & z_{22}'' \end{bmatrix} \begin{bmatrix} I_1'' \\ I_2'' \end{bmatrix} \tag{6.11}$$

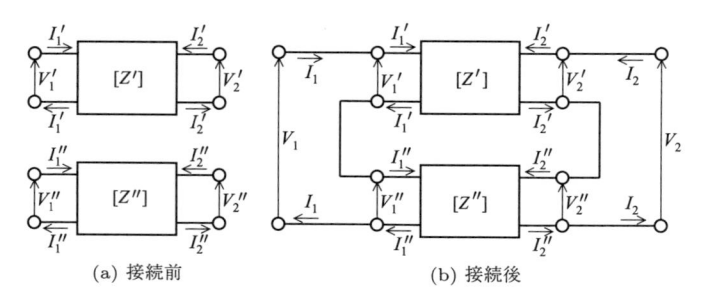

(a) 接続前　　　　　(b) 接続後

図 6.4 二端子対回路の直列接続

直列接続においては，

$$V_1 = V_1' + V_1'', \quad V_2 = V_2' + V_2'' \tag{6.12}$$

$$I_1 = I_1' = I_1'', \quad I_2 = I_2' = I_2'' \tag{6.13}$$

の関係が成り立つので，

$$\begin{bmatrix} V_1 \\ V_2 \end{bmatrix} = \begin{bmatrix} V_1' + V_1'' \\ V_2' + V_2'' \end{bmatrix} = \begin{bmatrix} z_{11}' + z_{11}'' & z_{12}' + z_{12}'' \\ z_{21}' + z_{21}'' & z_{22}' + z_{22}'' \end{bmatrix} \begin{bmatrix} I_1 \\ I_2 \end{bmatrix} \tag{6.14}$$

となる．したがって，直列接続された回路 (図 6.4(b)) の Z 行列は，個々の回路の Z 行列の和として与えられる．

[例題 6.2] 図 6.5 に示す T 形回路の Z 行列を求めよ．

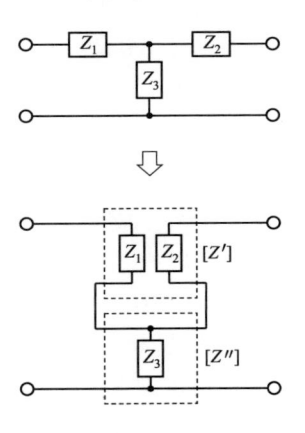

図 6.5 T 形回路

[解] T 形回路は図に示すように，2 つの二端子対回路が直列に接続されたものと見なすことができる．直列に接続された各々の回路の Z 行列を $[Z']$, $[Z'']$ とすると例題 6.1 より，

$$[Z'] = \begin{bmatrix} Z_1 & 0 \\ 0 & Z_2 \end{bmatrix}, \quad [Z''] = \begin{bmatrix} Z_3 & Z_3 \\ Z_3 & Z_3 \end{bmatrix} \tag{6.15}$$

したがって，T 形回路の Z 行列は，

$$[Z] = [Z'] + [Z''] = \begin{bmatrix} Z_1 & 0 \\ 0 & Z_2 \end{bmatrix} + \begin{bmatrix} Z_3 & Z_3 \\ Z_3 & Z_3 \end{bmatrix} = \begin{bmatrix} Z_1 + Z_3 & Z_3 \\ Z_3 & Z_2 + Z_3 \end{bmatrix} \tag{6.16}$$

となる．$z_{12} = z_{21}$ であり，相反回路であることも確認できる．

6.3 アドミタンス行列

a. アドミタンスパラメータ

図 6.1 の線形二端子対回路においては，入出力端子の電流を以下のように入出力端子の電圧の線形結合で表すことができる．

$$I_1 = y_{11}V_1 + y_{12}V_2 \tag{6.17}$$

$$I_2 = y_{21}V_1 + y_{22}V_2 \tag{6.18}$$

このとき，$y_{11}, y_{12}, y_{21}, y_{22}$ は全てアドミタンスの次元を有し，**アドミタンス (Y) パラメータ**と呼ばれている．相反回路の場合には相反定理により，$y_{12} = y_{21}$ の関係が成り立つ．また回路が対称であれば，入出力を逆にしても同様に機能するので，$y_{11} = y_{22}$ である．式 (6.17) および式 (6.18) は行列を用いて以下のように表せる．

$$\begin{bmatrix} I_1 \\ I_2 \end{bmatrix} = \begin{bmatrix} y_{11} & y_{12} \\ y_{21} & y_{22} \end{bmatrix} \begin{bmatrix} V_1 \\ V_2 \end{bmatrix} \tag{6.19}$$

ここで，

$$[Y] = \begin{bmatrix} y_{11} & y_{12} \\ y_{21} & y_{22} \end{bmatrix} \tag{6.20}$$

を**アドミタンス (Y) 行列**という．このアドミタンス行列は，4 章に述べたアドミタンス行列の特殊なケース (2×2 の行列として与えられる) であると見なすことができる．

式 (6.3) および式 (6.19) から，インピーダンス行列 $[Z]$ とアドミタンス行列 $[Y]$ は互いに逆行列の関係 $[Z] = [Y]^{-1}$ にあることが分かる．また相反回路のときは，Z および Y 行列は共に転置行列となり，$[Z] = {}^t[Z], [Y] = {}^t[Y]$ である．

b. アドミタンスパラメータの求め方

本項では，具体的な二端子対回路について Y パラメータを求めてみる．二端子対回路において Y パラメータを求めるにはまず，図 6.6(a) に示すように出力端を短絡 ($V_2 = 0$) して，入力端に電圧 V_1 を印加した場合の I_1 と I_2 を求

6.3 アドミタンス行列

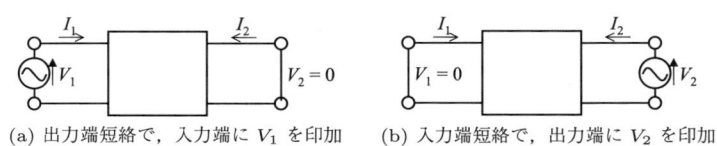

図 6.6 Y 行列の求め方

める．このとき I_1 と V_1 の比から y_{11} が，I_2 と V_1 の比から y_{21} が求まる．また，図 6.6(b) に示すように入力端を短絡 ($V_1 = 0$) して，出力端に電圧 V_2 を印加した場合の I_1 と I_2 を求める．このとき I_1 と V_2 の比から y_{12} が，I_2 と V_2 の比から y_{22} が求まる．つまり，

$$y_{11} = \left.\frac{I_1}{V_1}\right|_{V_2=0} \tag{6.21}$$

$$y_{12} = \left.\frac{I_1}{V_2}\right|_{V_1=0} \tag{6.22}$$

$$y_{21} = \left.\frac{I_2}{V_1}\right|_{V_2=0} \tag{6.23}$$

$$y_{22} = \left.\frac{I_2}{V_2}\right|_{V_1=0} \tag{6.24}$$

であり，その意味から y_{11}, y_{22} は**短絡駆動点アドミタンス**，y_{12}, y_{21} は**短絡伝達アドミタンス**と名付けられている．

［例題 **6.3**］ 図 6.7(a), (b) に示す回路の Y 行列を求めよ．

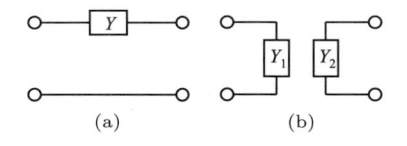

図 **6.7** 簡単な回路例

［解］ 図 6.7(a) の回路については，まず出力端を短絡 ($V_2 = 0$) して入力端に電圧 V_1 を印加した場合の I_1 は YV_1 であるから，$y_{11} = Y$．次に入力端を短絡 ($V_1 = 0$) して出力端に電圧 V_2 を印加した場合の I_1 は $-YV_2$ であるから，$y_{12} = -Y$．さらに出力端を短絡 ($V_2 = 0$) して入力端に電圧 V_1 を印加した場合の I_2 は $-YV_1$ であるか

ら，$y_{21} = -Y$．そして入力端を短絡 ($V_1 = 0$) して，出力端に電圧 V_2 を印加した場合の I_2 は YV_2 であるから，$y_{22} = Y$．したがって，図 6.7(a) の回路に相当する Y 行列は，

$$\begin{bmatrix} Y & -Y \\ -Y & Y \end{bmatrix} \tag{6.25}$$

となる．$y_{12} = y_{21}$ であり，相反回路であることも確認できる．

図 6.7(b) の回路についても同様に，出力端を短絡 ($V_2 = 0$) して，入力端に電圧 V_1 を印加した場合の I_1 は $Y_1 V_1$ であるから，$y_{11} = Y_1$．次に入力端を短絡 ($V_1 = 0$) して，出力端に電圧 V_2 を印加した場合の I_1 は 0 であるから，$y_{12} = 0$．さらに出力端を短絡 ($V_2 = 0$) して，入力端に電圧 V_1 を印加した場合の I_2 は 0 であるから，$y_{21} = 0$．そして入力端を短絡 ($V_1 = 0$) して，出力端に電圧 V_2 を印加した場合の I_2 は $Y_2 V_2$ であるから，$y_{22} = Y_2$．したがって，図 6.7(b) の回路に相当する Y 行列は，

$$\begin{bmatrix} Y_1 & 0 \\ 0 & Y_2 \end{bmatrix} \tag{6.26}$$

となる．$y_{12} = y_{21}$ であり，相反回路であることも確認できる．

ところで，Z 行列や Y 行列は必ず存在するとは限らない．たとえば，図 6.3(a) の回路に対する Y 行列は存在しないし，図 6.7(a) の回路に対する Z 行列も存在しない．Z 行列は，6.2b 項の Z パラメータの求め方から分かるように，I_1 と I_2 が独立でないときは定義できない．図 6.7(a) の回路では $I_1 = -I_2$ であり，I_1 と I_2 は独立ではない．したがって Z 行列は定義できない．一方 Y 行列の場合は，本項の Y パラメータの求め方から分かるように，V_1 と V_2 が独立でないときは定義できない．図 6.3(a) の回路では $V_1 = V_2$ であり，V_1 と V_2 は独立ではない．したがって Y 行列は定義できない．

c. 二端子対網の並列接続

図 6.8(a) に示すようにアドミタンス行列がそれぞれ $[Y']$，$[Y'']$ の 2 つの回路を並列に接続する場合を考える．個々の回路の Y パラメータが以下のように表される場合，

$$\begin{bmatrix} I_1' \\ I_2' \end{bmatrix} = \begin{bmatrix} y_{11}' & y_{12}' \\ y_{21}' & y_{22}' \end{bmatrix} \begin{bmatrix} V_1' \\ V_2' \end{bmatrix}, \quad \begin{bmatrix} I_1'' \\ I_2'' \end{bmatrix} = \begin{bmatrix} y_{11}'' & y_{12}'' \\ y_{21}'' & y_{22}'' \end{bmatrix} \begin{bmatrix} V_1'' \\ V_2'' \end{bmatrix} \tag{6.27}$$

並列接続においては，

6.3 アドミタンス行列

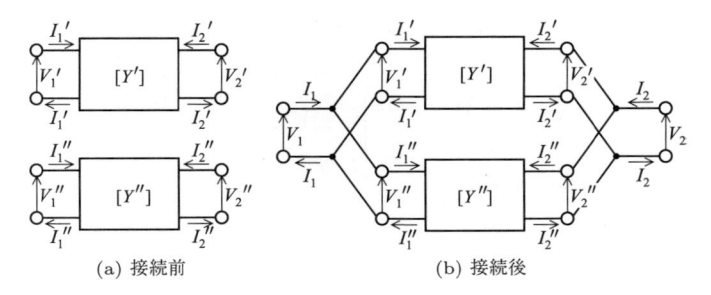

図 **6.8** 二端子対回路の並列接続

$$V_1 = V_1' = V_1'', \quad V_2 = V_2' = V_2'' \tag{6.28}$$

$$I_1 = I_1' + I_1'', \quad I_2 = I_2' + I_2'' \tag{6.29}$$

の関係が成り立つので,

$$\begin{bmatrix} I_1 \\ I_2 \end{bmatrix} = \begin{bmatrix} I_1' + I_1'' \\ I_2' + I_2'' \end{bmatrix} = \begin{bmatrix} y_{11}' + y_{11}'' & y_{12}' + y_{12}'' \\ y_{21}' + y_{21}'' & y_{22}' + y_{22}'' \end{bmatrix} \begin{bmatrix} V_1 \\ V_2 \end{bmatrix} \tag{6.30}$$

したがって, 並列接続された回路 (図 6.8(b)) の Y 行列は, 個々の回路の Y 行列の和として与えられる.

[**例題 6.4**] 図 6.9 に示す π 形回路の Y 行列を求めよ.

[**解**] π 形回路は図に示すように, 2 つの二端子対回路が並列に接続されたものと

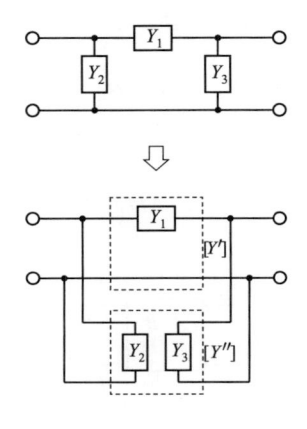

図 **6.9** π 形回路

見なすことができる．並列に接続された各々の回路の Y 行列を $[Y']$, $[Y'']$ とすると例題 6.3 より，

$$[Y'] = \begin{bmatrix} Y_1 & -Y_1 \\ -Y_1 & Y_1 \end{bmatrix}, \quad [Y''] = \begin{bmatrix} Y_2 & 0 \\ 0 & Y_3 \end{bmatrix} \tag{6.31}$$

したがって，π 形回路の Y 行列は，

$$[Y] = [Y'] + [Y''] = \begin{bmatrix} Y_1 & -Y_1 \\ -Y_1 & Y_1 \end{bmatrix} + \begin{bmatrix} Y_2 & 0 \\ 0 & Y_3 \end{bmatrix} = \begin{bmatrix} Y_1 + Y_2 & -Y_1 \\ -Y_1 & Y_1 + Y_3 \end{bmatrix} \tag{6.32}$$

となる．$y_{12} = y_{21}$ であり，相反回路であることも確認できる．

6.4 縦続行列

a. F パラメータ

Z 行列や Y 行列は，閉路方程式や節点方程式の形から容易に連想できるため理解しやすいが，実用的な観点からは本節で述べる縦続行列の方が広く用いられている．**縦続行列 (F 行列, K 行列, 伝送行列**ともいう) では次式に示すように，入力側の電圧 V_1, 電流 I_1 を，出力側の電圧 V_2, 電流 I_2 を用いて表す．また図 6.10 に示すように，出力側の電流の向きは Z 行列や Y 行列の場合とは反対向きを正方向としている．これは後で述べるように，回路の縦続接続に適した形になっている．縦続行列では，その行列要素を A, B, C, D で表し，F パラメータ，K パラメータや**四端子定数**などと呼ばれている．

$$\begin{bmatrix} V_1 \\ I_1 \end{bmatrix} = \begin{bmatrix} A & B \\ C & D \end{bmatrix} \begin{bmatrix} V_2 \\ I_2 \end{bmatrix} \tag{6.33}$$

相反回路の場合には相反定理により，$AD - BC = 1$ の関係が成り立つ．

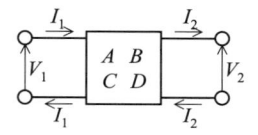

図 6.10 縦続行列

b. F パラメータの求め方

本項では，具体的な二端子対回路について縦続行列を求めてみる．二端子対回路において縦続行列を求めるにはまず，図 6.11(a) に示すように，出力端を開放 ($I_2 = 0$) して，入力端に電圧 V_1 を印加した場合の出力端の電圧 V_2 を求める．このとき V_1 と V_2 の比から A が求まる．さらに図 6.11(b) に示すように，出力端を開放 ($I_2 = 0$) した状態で，入力端に電流 I_1 を流した場合の出力端の電圧 V_2 を求める．このとき I_1 と V_2 の比から C が求まる．次に図 6.11(c) に示すように，出力端を短絡 ($V_2 = 0$) して，入力端に電圧 V_1 を印加した場合の出力端の電流 I_2(向きに注意) を求める．このとき V_1 と I_2 の比から B が求まる．さらに図 6.11(d) に示すように，出力端を短絡 ($V_2 = 0$) した状態で，入力端に電流 I_1 を流した場合の出力端の電流 I_2(向きに注意) を求める．このとき I_1 と I_2 の比から D が求まる．つまり，

$$A = \left.\frac{V_1}{V_2}\right|_{I_2=0} \tag{6.34}$$

$$B = \left.\frac{V_1}{I_2}\right|_{V_2=0} \tag{6.35}$$

$$C = \left.\frac{I_1}{V_2}\right|_{I_2=0} \tag{6.36}$$

$$D = \left.\frac{I_1}{I_2}\right|_{V_2=0} \tag{6.37}$$

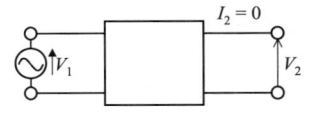

(a) 出力端開放で，入力端に V_1 を印加　　(b) 出力端開放で，入力端に I_1 を流す

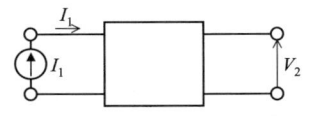

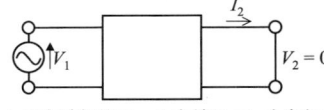

(c) 出力端短絡で，入力端に V_1 を印加　　(d) 出力端短絡で，入力端に V_1 を印加

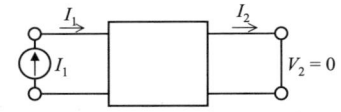

図 6.11　縦続行列の求め方

であり，A は出力開放時の電圧帰還率 (電圧増幅率の逆数)，B は短絡伝達インピーダンス，C は開放伝達アドミタンス，D は出力短絡時の電流帰還率 (電流増幅率の逆数) などと呼ばれている．

[例題 6.5] 図 6.12(a), (b) に示す回路の縦続行列を求めよ．

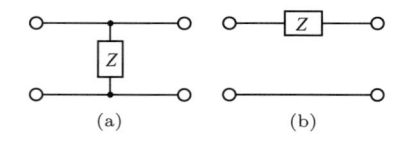

図 6.12 簡単な回路例

[解] 図 6.12(a) の回路についてはまず，出力端を開放 ($I_2 = 0$) し，入力端に電圧 V_1 を印加した場合の V_2 は V_1 であるから，$A = 1$．次に出力端を開放 ($I_2 = 0$) した状態で，入力端に電流 I_1 を流した場合の V_2 は ZI_1 であるから，$C = 1/Z$．さらに出力端を短絡 ($V_2 = 0$) して，入力端に電圧 V_1 を印加した場合の出力端の電流 I_2 は無限大となってしまうので，$B = 0$．そして出力端を短絡 ($V_2 = 0$) した状態で，入力端に電流 I_1 を流した場合の出力端の電流 I_2 は I_1 であるから，$D = 1$．したがって，図 6.12(a) の回路に相当する縦続行列は，

$$\begin{bmatrix} 1 & 0 \\ \frac{1}{Z} & 1 \end{bmatrix} \tag{6.38}$$

となる．$AD - BC = 1$ であり，相反回路であることも確認できる．

図 6.12(b) の回路についても同様に，出力端を開放 ($I_2 = 0$) し，入力端に電圧 V_1 を印加した場合の V_2 は V_1 であるから，$A = 1$．次に出力端を開放 ($I_2 = 0$) した状態では，入力端に電流 I_1 を流そうとしても I_1 は流れず，また V_2 は定まらないため $C = 0$．さらに出力端を短絡 ($V_2 = 0$) して，入力端に電圧 V_1 を印加した場合の出力端の電流 I_2 は V_1/Z であるから，$B = Z$．そして出力端を短絡 ($V_2 = 0$) した状態で，入力端に電流 I_1 を流した場合の出力端の電流 I_2 は I_1 であるから，$D = 1$．したがって，図 6.12(b) の回路に相当する縦続行列は，

$$\begin{bmatrix} 1 & Z \\ 0 & 1 \end{bmatrix} \tag{6.39}$$

となる．$AD - BC = 1$ であり，相反回路であることも確認できる．

c. 入出力を逆にした二端子対回路に対する縦続行列

図 6.10 に示した二端子対回路の入力と出力を逆にした場合,縦続行列はどのように与えられるのかを見てみよう.入出力を逆にする前の二端子対回路については,入出力電圧,電流に対して式 (6.33) の関係が成り立っているので,この式の両辺に F 行列の逆行列を掛けると,

$$\begin{bmatrix} V_2 \\ I_2 \end{bmatrix} = \begin{bmatrix} A & B \\ C & D \end{bmatrix}^{-1} \begin{bmatrix} V_1 \\ I_1 \end{bmatrix} = \frac{1}{|F|} \begin{bmatrix} D & -B \\ -C & A \end{bmatrix} \begin{bmatrix} V_1 \\ I_1 \end{bmatrix} \tag{6.40}$$

となる.ここで $|F| = AD - BC$ であり,回路が相反ならば $|F| = 1$ である.入出力を逆にした新しい二端子対回路に対しては,その入力電圧 V_1', V_2' はそれぞれ,元の回路の V_2, V_1 に対応しているが,新しい回路での I_1', I_2' の向きは,元の回路での I_2, I_1 の向きとは逆向きとなってしまうので,入出力を逆にした新しい二端子対回路に対しては,$I_1' = -I_2$, $I_2' = -I_1$ と考えなければならない.したがって,入出力を逆にした回路に対しては,

$$\begin{bmatrix} V_1' \\ -I_1' \end{bmatrix} = \begin{bmatrix} D & -B \\ -C & A \end{bmatrix} \begin{bmatrix} V_2' \\ -I_2' \end{bmatrix} \tag{6.41}$$

となり,したがって,

$$\begin{bmatrix} V_1' \\ I_1' \end{bmatrix} = \begin{bmatrix} D & B \\ C & A \end{bmatrix} \begin{bmatrix} V_2' \\ I_2' \end{bmatrix} \tag{6.42}$$

となり,結局入出力を逆にした回路に対する F 行列は,元の回路に対する F 行列において A と D とを入れ換えたものとなることが分かる.

d. 二端子対回路の縦続接続

図 6.13 に示すように縦続行列がそれぞれ $[F']$, $[F'']$ の 2 つの回路を,縦続接続する場合を考える.個々の回路の F パラメータが以下のように表される場合,

$$\begin{bmatrix} V_1' \\ I_1' \end{bmatrix} = \begin{bmatrix} A' & B' \\ C' & D' \end{bmatrix} \begin{bmatrix} V_2' \\ I_2' \end{bmatrix}, \quad \begin{bmatrix} V_1'' \\ I_1'' \end{bmatrix} = \begin{bmatrix} A'' & B'' \\ C'' & D'' \end{bmatrix} \begin{bmatrix} V_2'' \\ I_2'' \end{bmatrix} \tag{6.43}$$

縦続接続においては,

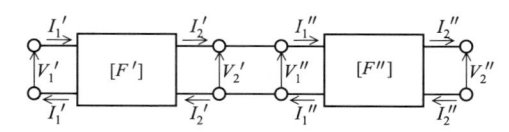

図 **6.13** 二端子対回路の縦続接続

$$V_2' = V_1'', \quad I_2' + I_1'' \tag{6.44}$$

の関係が成り立つので，

$$\begin{bmatrix} V_1' \\ I_1' \end{bmatrix} = \begin{bmatrix} A' & B' \\ C' & D' \end{bmatrix} \begin{bmatrix} A'' & B'' \\ C'' & D'' \end{bmatrix} \begin{bmatrix} V_1'' \\ I_2'' \end{bmatrix} \tag{6.45}$$

したがって，縦続接続された回路のF行列は，個々の回路のF行列の積として与えられる．

[**例題 6.6**] 図 6.14 に示す T 形回路の F 行列を求めよ．

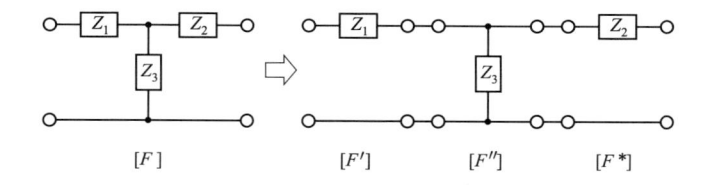

図 **6.14** T 形回路の F 行列の求め方

[**解**] T 形回路は図に示すように，3 つの二端子対回路の縦続接続と見なすことができる．各々の回路の F 行列は例題 6.5 より，

$$[F'] = \begin{bmatrix} 1 & Z_1 \\ 0 & 1 \end{bmatrix}, \quad [F''] = \begin{bmatrix} 1 & 0 \\ \frac{1}{Z_3} & 1 \end{bmatrix}, \quad [F^*] = \begin{bmatrix} 1 & Z_2 \\ 0 & 1 \end{bmatrix} \tag{6.46}$$

したがって，T 形回路の F 行列は，

$$[F] = \begin{bmatrix} 1 & Z_1 \\ 0 & 1 \end{bmatrix} \begin{bmatrix} 1 & 0 \\ \frac{1}{Z_3} & 1 \end{bmatrix} \begin{bmatrix} 1 & Z_2 \\ 0 & 1 \end{bmatrix} = \begin{bmatrix} 1 + \frac{Z_1}{Z_3} & Z_1 + Z_2 + \frac{Z_1 Z_2}{Z_3} \\ \frac{1}{Z_3} & 1 + \frac{Z_2}{Z_3} \end{bmatrix} \tag{6.47}$$

となる．$AD - BC = 1$ であり，相反回路であることも確認できる．

表 6.1 に様々な二端子対回路の Z 行列, Y 行列, F 行列をまとめた．これまでに述べた手法を用いて，読者自身で導いてもらいたい．

表 6.1 様々な二端子対回路の Z 行列, Y 行列, F 行列

	$[Z]$	$[Y]$	$[F]$
(直列 Z)	存在しない	$\begin{bmatrix} \frac{1}{Z} & \frac{-1}{Z} \\ \frac{-1}{Z} & \frac{1}{Z} \end{bmatrix}$	$\begin{bmatrix} 1 & Z \\ 0 & 1 \end{bmatrix}$
(並列 Z)	$\begin{bmatrix} Z & Z \\ Z & Z \end{bmatrix}$	存在しない	$\begin{bmatrix} 1 & 0 \\ \frac{1}{Z} & 1 \end{bmatrix}$
(Z_1, Z_2)	$\begin{bmatrix} Z_1 & 0 \\ 0 & Z_2 \end{bmatrix}$	$\begin{bmatrix} \frac{1}{Z_1} & 0 \\ 0 & \frac{1}{Z_2} \end{bmatrix}$	存在しない
($1:n$ 変成器)	存在しない	存在しない	$\begin{bmatrix} \frac{1}{n} & 0 \\ 0 & n \end{bmatrix}$
(L 型 Z_1, Z_2)	$\begin{bmatrix} Z_1+Z_2 & Z_2 \\ Z_2 & Z_2 \end{bmatrix}$	$\begin{bmatrix} \frac{1}{Z_1} & \frac{-1}{Z_1} \\ \frac{-1}{Z_1} & \frac{1}{Z_1}+\frac{1}{Z_2} \end{bmatrix}$	$\begin{bmatrix} 1+\frac{Z_1}{Z_2} & Z_1 \\ \frac{1}{Z_2} & 1 \end{bmatrix}$
(逆 L 型)	$\begin{bmatrix} Z_1 & Z_1 \\ Z_1 & Z_1+Z_2 \end{bmatrix}$	$\begin{bmatrix} \frac{1}{Z_1}+\frac{1}{Z_2} & \frac{-1}{Z_2} \\ \frac{-1}{Z_2} & \frac{1}{Z_2} \end{bmatrix}$	$\begin{bmatrix} 1 & Z_2 \\ \frac{1}{Z_1} & 1+\frac{Z_2}{Z_1} \end{bmatrix}$
(T 型)	$\begin{bmatrix} Z_1+Z_2 & Z_2 \\ Z_2 & Z_2+Z_3 \end{bmatrix}$	$\begin{bmatrix} \frac{Z_2+Z_3}{|Z|} & \frac{-Z_2}{|Z|} \\ \frac{-Z_2}{|Z|} & \frac{Z_1+Z_2}{|Z|} \end{bmatrix}$ $|Z|=Z_1Z_2+Z_2Z_3+Z_3Z_1$	$\begin{bmatrix} 1+\frac{Z_1}{Z_2} & \frac{|Z|}{Z_2} \\ \frac{1}{Z_2} & 1+\frac{Z_3}{Z_2} \end{bmatrix}$ $|Z|=Z_1Z_2+Z_2Z_3+Z_3Z_1$
(π 型)	$\begin{bmatrix} \frac{Z_1(Z_2+Z_3)}{\sum Z} & \frac{Z_1 Z_3}{\sum Z} \\ \frac{Z_1 Z_3}{\sum Z} & \frac{(Z_1+Z_2)Z_3}{\sum Z} \end{bmatrix}$ $\sum Z=Z_1+Z_2+Z_3$	$\begin{bmatrix} \frac{1}{Z_1}+\frac{1}{Z_2} & \frac{-1}{Z_2} \\ \frac{-1}{Z_2} & \frac{1}{Z_2}+\frac{1}{Z_3} \end{bmatrix}$	$\begin{bmatrix} 1+\frac{Z_2}{Z_3} & Z_2 \\ \frac{\sum Z}{Z_1 Z_3} & 1+\frac{Z_2}{Z_1} \end{bmatrix}$ $\sum Z=Z_1+Z_2+Z_3$

6.5 ハイブリッド行列

二端子対回路を記述するものとしては,前節までに述べてきた諸行列の他にも,用いられる頻度は低いがハイブリッド行列 (H 行列, G 行列) がある. H 行列の場合は,V_1, I_2 を I_1, V_2 を用いて表すもので,

$$\begin{bmatrix} V_1 \\ I_2 \end{bmatrix} = \begin{bmatrix} h_{11} & h_{12} \\ h_{21} & h_{22} \end{bmatrix} \begin{bmatrix} I_1 \\ V_2 \end{bmatrix} \qquad (6.48)$$

で与えられる.ここで,V_1, V_2, I_1, I_2 の向きは図 6.1 の定義に従う.H 行列は二端子対回路の直並列接続を扱うのに便利である.一方 G 行列は,I_1, V_2 を V_1, I_2 を用いて表すもので,

$$\begin{bmatrix} I_1 \\ V_2 \end{bmatrix} = \begin{bmatrix} g_{11} & g_{12} \\ g_{21} & g_{22} \end{bmatrix} \begin{bmatrix} V_1 \\ I_2 \end{bmatrix} \tag{6.49}$$

で与えられ，二端子対回路の並直列接続を扱うのに便利である．H 行列と G 行列の間には $[G] = [H]^{-1}$ の関係がある．

6.6 諸行列間の関係

これまでに述べた二端子対回路を表す諸行列は，各々の存在条件が満たされていれば，相互に変換できる．以下にこれら諸行列間の関係を示す．

$$[Z] = \begin{bmatrix} z_{11} & z_{12} \\ z_{21} & z_{22} \end{bmatrix} = \frac{1}{|Y|} \begin{bmatrix} y_{22} & -y_{12} \\ -y_{21} & y_{11} \end{bmatrix} = \frac{1}{C} \begin{bmatrix} A & |F| \\ 1 & D \end{bmatrix} \tag{6.50}$$

$$[Y] = \begin{bmatrix} y_{11} & y_{12} \\ y_{21} & y_{22} \end{bmatrix} = \frac{1}{|Z|} \begin{bmatrix} z_{22} & -z_{12} \\ -z_{21} & z_{11} \end{bmatrix} = \frac{1}{B} \begin{bmatrix} D & -|F| \\ -1 & A \end{bmatrix} \tag{6.51}$$

$$[F] = \begin{bmatrix} A & B \\ C & D \end{bmatrix} = \frac{1}{z_{21}} \begin{bmatrix} z_{11} & |Z| \\ 1 & z_{22} \end{bmatrix} = \frac{-1}{y_{21}} \begin{bmatrix} y_{22} & 1 \\ |Y| & y_{11} \end{bmatrix} \tag{6.52}$$

ここで，

$$|Z| = z_{11}z_{22} - z_{12}z_{21}, \quad |Y| = y_{11}y_{22} - y_{12}y_{21}, \quad |F| = AD - BC$$

を意味している．

6.7 Δ–Y 変 換

図 6.15(a) に示すように，インピーダンスが π 形に接続された π 形インピーダンス回路の F 行列は，

$$[F_\pi] = \begin{bmatrix} 1 & 0 \\ \frac{1}{Z_{31}} & 1 \end{bmatrix} \begin{bmatrix} 1 & Z_{12} \\ 0 & 1 \end{bmatrix} \begin{bmatrix} 1 & 0 \\ \frac{1}{Z_{23}} & 1 \end{bmatrix} = \begin{bmatrix} 1 + \frac{Z_{12}}{Z_{23}} & Z_{12} \\ \frac{1}{Z_{31}} + \frac{Z_{12}}{Z_{23}Z_{31}} & 1 + \frac{Z_{12}}{Z_{31}} \end{bmatrix} \tag{6.53}$$

となる．一方，図 6.15(b) に示すように，インピーダンスが T 形に接続された T 形インピーダンス回路の F 行列は，例題 6.6 でみたように式 (6.47) で与えら

6.7 Δ–Y 変換

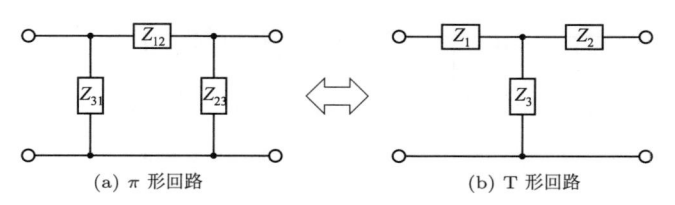

(a) π 形回路 ⇔ **(b) T 形回路**

図 6.15 π 形接続回路 ⇔ T 形接続回路間での変換

れるので，

$$[F_\mathrm{T}] = \begin{bmatrix} 1 + \frac{Z_1}{Z_3} & Z_1 + Z_2 + \frac{Z_1 Z_2}{Z_3} \\ \frac{1}{Z_3} & 1 + \frac{Z_2}{Z_3} \end{bmatrix} \quad (6.54)$$

となる．これらの回路の F 行列が等しくなるためには，

$$Z_1 = \frac{Z_{31} Z_{12}}{Z_{12} + Z_{23} + Z_{31}}$$

$$Z_2 = \frac{Z_{12} Z_{23}}{Z_{12} + Z_{23} + Z_{31}}$$

$$Z_3 = \frac{Z_{23} Z_{31}}{Z_{12} + Z_{23} + Z_{31}} \quad (6.55)$$

あるいは，

$$Z_{12} = \frac{Z_1 Z_2 + Z_2 Z_3 + Z_3 Z_1}{Z_3}$$

$$Z_{23} = \frac{Z_1 Z_2 + Z_2 Z_3 + Z_3 Z_1}{Z_1}$$

$$Z_{31} = \frac{Z_1 Z_2 + Z_2 Z_3 + Z_3 Z_1}{Z_2} \quad (6.56)$$

であればよい．すなわち上記の関係が成り立つとき，π 形回路と T 形回路は等価となり，両回路を相互に変換できる．

図 6.16 に示すアドミタンス回路に対しては，

$$Y_1 = \frac{Y_{12} Y_{23} + Y_{23} Y_{31} + Y_{31} Y_{12}}{Y_{23}}$$

$$Y_2 = \frac{Y_{12} Y_{23} + Y_{23} Y_{31} + Y_{31} Y_{12}}{Y_{31}}$$

$$Y_3 = \frac{Y_{12} Y_{23} + Y_{23} Y_{31} + Y_{31} Y_{12}}{Y_{12}} \quad (6.57)$$

6. 交流回路

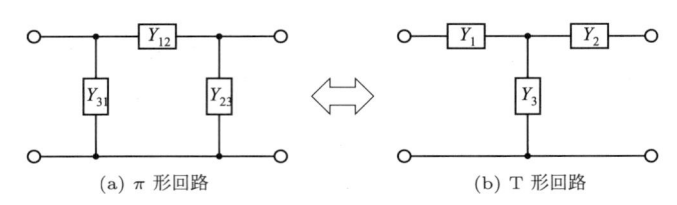

(a) π形回路   (b) T形回路

図 6.16 アドミタンス π 形接続回路 ⇔ T 形接続回路間での変換

あるいは，

$$Y_{12} = \frac{Y_1 Y_2}{Y_1 + Y_2 + Y_3}$$
$$Y_{23} = \frac{Y_2 Y_3}{Y_1 + Y_2 + Y_3}$$
$$Y_{31} = \frac{Y_3 Y_1}{Y_1 + Y_2 + Y_3} \qquad (6.58)$$

が等価となる条件である．

π 形回路や T 形回路は，共通帰線のある二端子対回路であるため，実際には図 6.17 に示すように三端子回路である．したがって，上記の π 形回路 ⇔ T 形

π形回路   T形回路

等価

Δ形回路   Y形回路

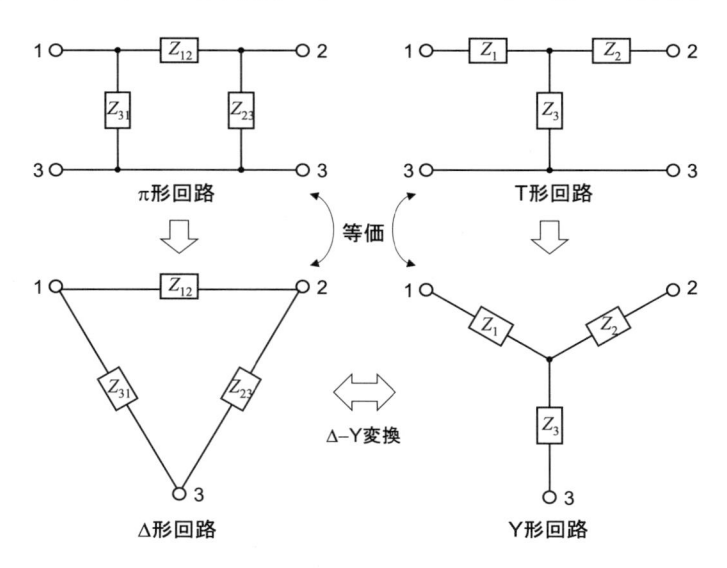

Δ–Y変換

図 6.17 Δ–Y 変換

回路間の変換は，図の Δ 形回路 $\Leftrightarrow$ Y 形回路間の変換と同一と見なせる．

6.8 伝送的性質

本節では，二端子対回路の入力端子や出力端子に電源や負荷インピーダンスを接続した場合について考える．図 6.18(a) に示すように，入力端子に内部インピーダンスが Z_G の電源を，出力端子にインピーダンス Z_L の負荷を接続する．このとき，二端子対回路の入出力端の電圧と電流の関係を Z パラメータを用いて表せば式 (6.1), (6.2) より，

$$V_1 = z_{11}I_1 + z_{12}I_2, \quad V_2 = z_{21}I_1 + z_{22}I_2 \tag{6.59}$$

が成り立つ．インピーダンス Z_L の負荷が接続された出力端子において $V_2 = -Z_L I_2$ の関係が成り立つので，この関係と式 (6.59) を用いると，

$$Z_{\text{in}} = \frac{V_1}{I_1} = z_{11} - \frac{z_{12}z_{21}}{z_{22} + Z_L} \tag{6.60}$$

が得られる．ここで Z_{in} は，図 6.18(b) に示すように出力端に負荷インピーダンス Z_L を接続した二端子対回路をその入力端から見たときのインピーダンスであり，**入力インピーダンス**と呼ばれる．また逆に，二端子対回路の出力側から電源側を見たときのインピーダンス Z_{out} は，**出力インピーダンス**と呼ばれる．図 6.18(c) に示すように，電源を殺した状態における二端子対回路の入力

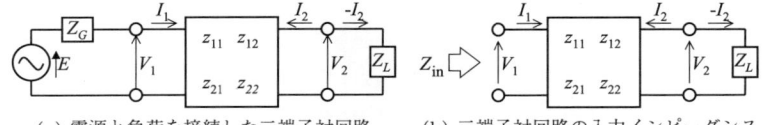

(a) 電源と負荷を接続した二端子対回路　　(b) 二端子対回路の入力インピーダンス

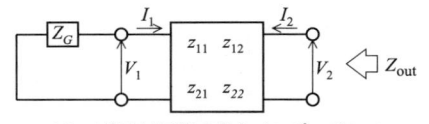

(c) 二端子対回路の出力インピーダンス

図 **6.18**　二端子対回路の伝送的性質
Z_G: 電源の内部インピーダンス，Z_L: 負荷インピーダンス

端においては $V_1 = -Z_G I_1$ の関係が成り立つので,この関係式と式 (6.59) を用いると,

$$Z_{\text{out}} = \frac{V_2}{I_2} = z_{22} - \frac{z_{12} z_{21}}{z_{11} + Z_G} \tag{6.61}$$

が得られる.

以上は二端子対回路を Z パラメータを用いて表した場合の議論であるが,Y パラメータ用いた場合も同様に扱うことができる.すなわち,図 6.19(a) に示すように,入力端子に内部アドミタンスが Y_G の電源と,出力端子にアドミタンス Y_L の負荷を接続する.このとき,二端子対回路の入出力端の電圧と電流の関係を Y パラメータを用いて表せば,

$$I_1 = y_{11} V_1 + y_{12} V_2, \quad I_2 = y_{21} V_1 + y_{22} V_2 \tag{6.62}$$

となる.インピーダンス Y_L の負荷が接続された出力端子においては $-I_2 = Y_L V_2$ の関係が成り立つので,この関係と式 (6.62) を用いると入力アドミタンス Y_{in} は,

$$Y_{\text{in}} = \frac{I_1}{V_1} = y_{11} - \frac{y_{12} y_{21}}{y_{22} + Y_L} \tag{6.63}$$

となる.一方,出力インピーダンスは,電源を殺した状態の二端子対回路の入力端において $-I_1 = Y_G V_1$ の関係が成り立つので,この関係式と式 (6.62) を用いると,

$$Y_{\text{out}} = \frac{I_2}{V_2} = y_{22} - \frac{y_{12} y_{21}}{y_{11} + Y_G} \tag{6.64}$$

となる.

次に F パラメータを用いて表した場合について見てみる.図 6.19(b) に示すように二端子対回路の入出力端の電圧と電流の関係は,

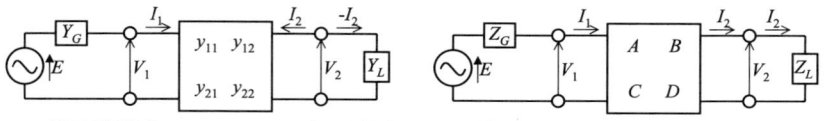

(a) 二端子対回路を Y パラメータで表した場合 (b) 二端子対回路を F パラメータで表した場合

図 **6.19** 電源と負荷を接続した二端子対回路
Y_G: 電源の内部アドミタンス,Y_L: 負荷アドミタンス

6.8 伝送的性質

$$V_1 = AV_2 + BI_2, \quad I_1 = CV_2 + DI_2 \tag{6.65}$$

と表せる．ただし I_2 の向きは，F パラメータの定義に従って Z パラメータや Y パラメータの場合とは逆にしている．インピーダンス Z_L の負荷が接続された出力端子において $V_2 = Z_L I_2$ の関係が成り立つので，この関係と式 (6.65) を用いると，

$$Z_{\text{in}} = \frac{V_1}{I_1} = \frac{AV_2 + BI_2}{CV_2 + DI_2} = \frac{AZ_L + B}{CZ_L + D} \tag{6.66}$$

が得られる．

一方，出力インピーダンスに関しては，入出力を逆にした二端子対回路の F パラメータが 6.4c 項で述べたように，A と D を入れ換えたものになるから，上の入力インピーダンスの式を参考にすると，

$$Z_{\text{out}} = \frac{DZ_G + B}{CZ_G + A} \tag{6.67}$$

となることが分かる．

[例題 6.7] 図 6.18 や図 6.19 において V_2/I_1 を伝達インピーダンス，I_2/V_1 を伝達アドミタンスなどと呼ぶが，これらを表す式を導出せよ．

[解] 図 6.18 の回路においては，式 (6.59) の第 2 式と $V_2 = -Z_L I_2$ の関係より，

$$V_2 = z_{21} I_1 - \frac{z_{22}}{Z_L} V_2 \tag{6.68}$$

となり，したがって伝達インピーダンス Z_T は，

$$Z_T = \frac{V_2}{I_1} = \frac{z_{21} Z_L}{z_{22} + Z_L} \tag{6.69}$$

で表される．伝達アドミタンスに関しては，式 (6.59) の第 2 式と $V_2 = -Z_L I_2$ の関係より V_2 を消去して，

$$z_{21} I_1 = -(z_{22} + Z_L) I_2 \tag{6.70}$$

となり，上式と式 (6.59) の第 1 式とで I_1 を消去すると，伝達アドミタンス Y_T は，

$$Y_T = \frac{I_2}{V_1} = \frac{z_{21}}{z_{12} z_{21} - z_{11}(z_{22} + Z_L)} \tag{6.71}$$

で表される．

一方，図 6.19(a) の回路においては，式 (6.62) の第 2 式と $-I_2 = Y_L V_2$ の関係より，

$$I_2 = y_{21} V_1 - \frac{y_{22}}{Y_L} I_2 \tag{6.72}$$

となり，したがって伝達アドミタンス Y_T は，

$$Y_T = \frac{I_2}{V_1} = \frac{y_{21} Y_L}{y_{22} + Y_L} \tag{6.73}$$

で表される．伝達インピーダンスに関しては，式 (6.62) の第 2 式と $-I_2 = Y_L V_2$ の関係より I_2 を消去して，

$$y_{21} V_1 = -(y_{22} + Y_L) V_2 \tag{6.74}$$

となり，上式と式 (6.62) の第 1 式とで V_1 を消去すると，伝達インピーダンス Z_T は，

$$Z_T = \frac{V_2}{I_1} = \frac{y_{21}}{y_{12} y_{21} - y_{11}(y_{22} + Y_L)} \tag{6.75}$$

で表される．

演 習 問 題

6.1 回路が相反であれば，$z_{12} = z_{21}$ および $y_{12} = y_{21}$ の関係が成り立つことを示せ．
6.2 回路が対称であれば，$z_{11} = z_{22}$ および $y_{11} = y_{22}$ の関係が成り立つことを示せ．
6.3 回路が相反であれば，$AD - BC = 1$ の関係が成り立つことを示せ．
6.4 線形受動素子のみで構成されたある二端子対回路において，その回路の端子 2–2′ を開放にしておき，端子 1–1′ 間に電圧 $E_1 = 10\,[V]$ を加えたとき，端子 1–1′ 間には電流 $I_1 = 0.5\,[A]$ が流れ，端子 2–2′ 間の電圧は $E_2 = 4\,[V]$ であった．次に，入力側をそのままにした状態で端子 2–2′ 間を短絡したところ，電流 $I_2 = 0.2\,[A]$ が流れた．この回路の四端子定数はいくらか．
6.5 図に示す回路のアドミタンスパラメータを求めよ．

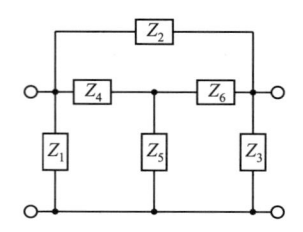

6.6 図に示す回路の A–B 間の抵抗を求めよ．

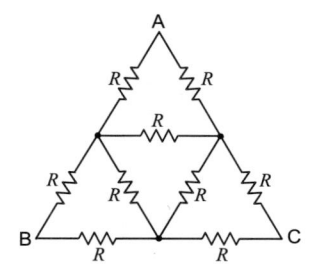

6.7 図に示す2つの回路が等価となるための条件を示せ．

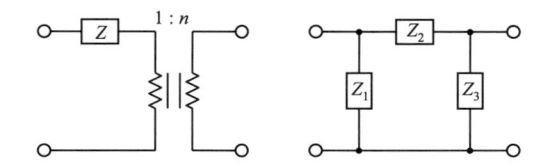

6.8 Z パラメータの値が図のような二端子対回路に電圧源 E とインピーダンス Z_G が接続された回路に対する等価電圧源を求めよ．

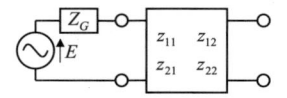

6.9 Y パラメータの値が図のような二端子対回路に電流源 J とアドミタンス Y_G が接続された回路に対する等価電流源を求めよ．

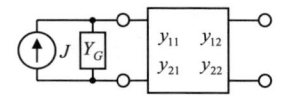

6.10 F パラメータの値が図のような二端子対回路に電圧源 E とインピーダンス Z_G が接続された回路に対する等価電圧源を求めよ．

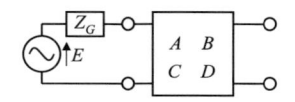

6.11 図の回路における V_2/E を求めよ.

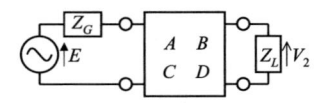

7 分布定数回路

 これまでは，電圧や電流は時間のみの関数として $v(t), i(t)$ のように扱ってきた．つまり，回路素子や回路全体の大きさについては考えず，あえていえば，それらは空間の 1 点に局在しているものと見なした場合と同じ扱いであった．このような回路を集中定数回路と呼ぶ．本章では，回路素子が空間的にある大きさを持つ場合，またそれが扱う電気信号の波長に比べて無視できないくらいに大きい場合の扱いについて述べる．

7.1 分布定数回路とは

 これまでに扱ってきた電気回路では，1 本の電気配線の中ではどの場所においても電位は同じで，分岐がなければ流れている電流も同じと考えられてきた．つまり，導線で結ばれた 2 点間の電位は等しく，また分岐がなければ 2 つの点における電流も等しい．この考え方は，電磁気学における遠隔作用の考え方に通じるものがあり，電磁的現象の伝わる時間を無視したものである．電磁気学においては，このような遠隔作用の考え方は誤りで，電磁的現象は波として，ある有限の速度 (光速度のこと) で周囲に伝わっていくという近接作用の考え方が正しいとされている．したがって，電気回路素子のサイズや電気配線の長さが，電気信号の波長 (電気信号の伝わる速度，すなわちほぼ光速度 ÷ 電気信号の周波数) と同程度になると，1 つの電気回路素子や 1 本の電気配線の中でも電位や電流が一定ではなくなり，ある分布をもちながら時々刻々変化することとなる．つまり，電気信号が導線内を伝わる速度はほぼ光速度の毎秒約 30 万 km であるので，扱う電気信号の周波数が数 GHz 程度と高くなると，電気信号の波長は数 cm 程度となり，通常の電気回路素子のサイズや電気配線の長さと同程度となる．このような場合，1 本の電気配線においても場所により電位や電

7. 分布定数回路

立体回路
$x, y, z \geq \lambda$

電圧(電界), 電流(磁界)は回路内の位置に依存 TE, TM波等
$v(x, y, z, t), i(x, y, z, t)$
$E(x, y, z, t), H(x, y, z, t)$
マクスウェル方程式を解かなければならない (電磁気学の範疇)

分布定数回路
$d \ll \lambda$
$l \geq \lambda$

本章で扱う回路
電圧, 電流は線路上の位置に依存 $v(z, t), i(z, t)$ TEM波

集中定数回路
$x, y, z, d, l \ll \lambda$

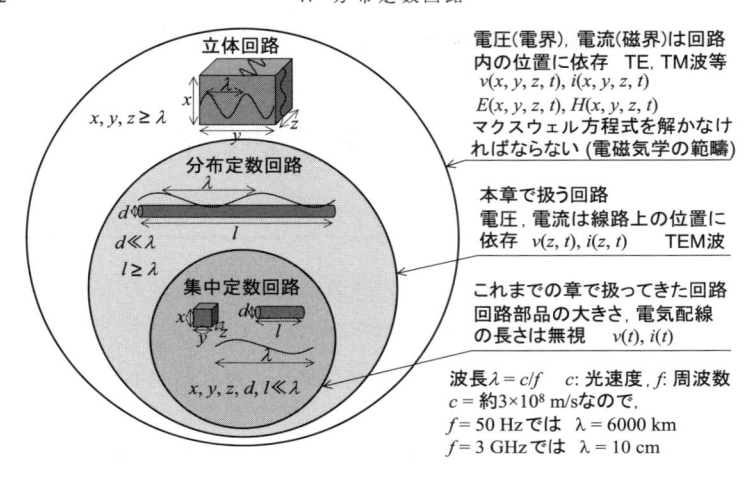

これまでの章で扱ってきた回路
回路部品の大きさ, 電気配線の長さは無視 $v(t), i(t)$

波長 $\lambda = c/f$ c: 光速度, f: 周波数
$c =$ 約 3×10^8 m/sなので,
$f = 50$ Hzでは $\lambda = 6000$ km
$f = 3$ GHzでは $\lambda = 10$ cm

図 7.1 回路素子のサイズと電気信号の波長による扱いの違い

流に分布が生じてしまい, これまでのような扱いはできなくなる.

このように, 回路素子のサイズと扱う電気信号の波長との大小関係によって電気回路としての扱い方が全く異なってしまう. 図 7.1 にはその違いを示す. 扱う電気信号の波長が, 回路素子のサイズや電気配線の長さに比べてはるかに長い場合は, これまで扱ってきたように回路素子や電気配線の大きさを考えないいわゆる**集中定数回路**的な扱いが可能であった. しかし, 扱う電気信号の波長が, 回路素子のサイズや電気配線の長さと同程度に短い場合には, これまでのような扱いはもはやできなくなり, 電磁気学に立ち返って扱わなければならなくなる. つまり, マクスウェル方程式を解かなければならない. そのような回路を**立体回路**と呼んでいる. しかし, 伝送線路のように, 線路の長さは波長と同程度かそれ以上に長いが, その断面サイズは電気信号の波長に比べるとはるかに小さい場合には, 線路上での電気信号の伝搬が横電磁界型の波 (TEM 波) によって表されるので, 本章で述べる**分布定数回路**としての扱いが可能となる.

7.2 伝送線路

電気信号や電力を遠くに伝える**伝送線路**としては, TV とアンテナを結ぶ同軸ケーブルや, 電話線や LAN ケーブルなどに用いられるツイストペア線, 家電

7.2 伝送線路

機器の電源ケーブルやスピーカーケーブルのような平行2本線路など様々なものがある．そのような長い伝送線路においては，導線の抵抗やインダクタンス，導線間のキャパシタンスが無視できないが，これらは線路全体にわたって分布していると考えるのが自然である．したがって，線路の単位長当たりの導線の抵抗を R [Ω/m]，線路の単位長当たりの導線のインダクタンスを L [H/m]，線路の単位長当たりの導線間のキャパシタンスを C [F/m]，線路の単位長当たりの導線間のコンダクタンス (導線を覆う絶縁体または空気のコンダクタンスと考える) を G [S/m] として，伝送線路の微小区間 Δx に関して図7.2に示すような等価回路で表す方法がよく用いられる．このように R, L, C, G の分布した回路としての線路を扱う点が分布定数回路と呼ばれる所以である．

このような伝送線路において，一方の端からもう一方の端に向けて電気信号や電力を送るとき，信号や電力を送る側の端を**送電端**，受けとる側の端を**受電端**と呼ぶことにし，本書では送電端を $x = 0$ [*1)] とし，送電端から受電端の方向に x の正方向をとっている．送電端より距離 x だけ離れた点における微小区間 Δx の左右の電圧と電流を図7.2に示すように定義すると，この電圧と電流

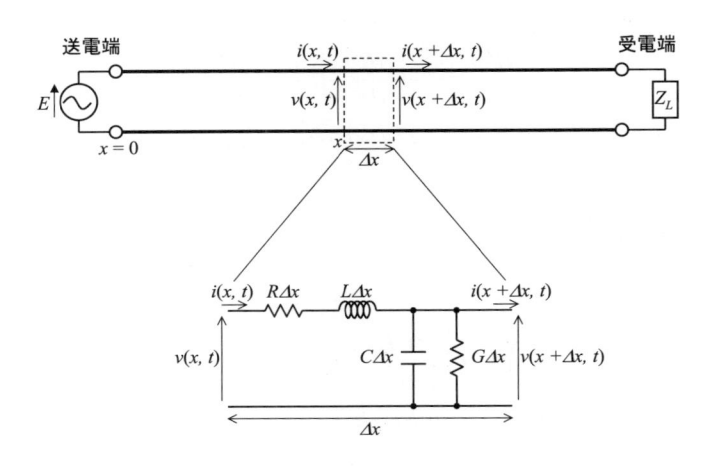

図 7.2 伝送線路とその等価回路

[*1)] 教科書によっては受電端を $x = 0$ とし，受電端から送電端の方向に x の正方向をとっているものもあり，その方が受電端に負荷を接続した場合の扱いが簡単になるが，電気信号の伝搬方向を $+x$ 方向にとった方が直感的であるため，本書ではそうした．

はキルヒホッフの法則を適用することにより，以下のように関係付けられる．

$$v(x,t) = v(x+\Delta x, t) + R\Delta x \cdot i(x,t) + L\Delta x \frac{\partial i(x,t)}{\partial t}$$
$$i(x,t) = i(x+\Delta i, t) + G\Delta x \cdot v(x+\Delta v, t) + C\Delta x \frac{\partial v(x+\Delta x, t)}{\partial t} \quad (7.1)$$

したがって，両辺を Δx で割ることにより，

$$\frac{v(x+\Delta x, t) - v(x,t)}{\Delta x} = -Ri(x,t) - L\frac{\partial i(x,t)}{\partial t}$$
$$\frac{i(x+\Delta x, t) - i(x,t)}{\Delta x} = -Gv(x+\Delta x, t) - C\frac{\partial v(x+\Delta x, t)}{\partial t} \quad (7.2)$$

ここで，微小区間の長さ Δx を無限に小さくして，$\Delta x \to 0$ の極限を考えると，

$$\lim_{\Delta x \to 0}\frac{v(x+\Delta x, t) - v(x,t)}{\Delta x} \equiv \frac{\partial v(x,t)}{\partial x} = -Ri(x,t) - L\frac{\partial i(x,t)}{\partial t}$$
$$\lim_{\Delta x \to 0}\frac{i(x+\Delta x, t) - i(x,t)}{\Delta x} \equiv \frac{\partial i(x,t)}{\partial x} = -Gv(x,t) - C\frac{\partial v(x,t)}{\partial t} \quad (7.3)$$

なる伝送の基礎方程式が得られる．上式は電圧 v と電流 i を共に含んだ形の式になっているので，これを電圧のみ，あるいは電流のみの式に書き換えてみる．基礎方程式第 1 式の両辺を x について微分すると，

$$\frac{\partial^2 v}{\partial x^2} = -R\frac{\partial i}{\partial x} - L\frac{\partial(\partial i/\partial t)}{\partial x} \quad (7.4)$$

が得られるので，上式の右辺第 1 項の $\partial i/\partial x$ に式 (7.3) の第 2 式を代入し，右辺第 2 項については以下の関係式

$$\frac{\partial(\partial i/\partial t)}{\partial x} = \left.\frac{\partial(i+\Delta i)/\partial t - \partial i/\partial t}{\Delta x}\right|_{\Delta x \to 0} = \left.\frac{\partial(\Delta i)/\partial t}{\Delta x}\right|_{\Delta x \to 0} \quad (7.5)$$

を用いることにより，

$$\begin{aligned}
\frac{\partial^2 v}{\partial x^2} &= R\left(Gv + C\frac{\partial v}{\partial t}\right) - L\frac{\partial(\partial i/\partial t)}{\partial x} \\
&= R\left(Gv + C\frac{\partial v}{\partial t}\right) - L\left.\frac{\partial(\Delta i)/\partial t}{\Delta x}\right|_{\Delta x \to 0} \\
&= RGv + RC\frac{\partial v}{\partial t} + L\left.\frac{\partial[G\Delta x(v+\Delta v) + C\Delta x\{\partial(v+\Delta v)/\partial t\}]/\partial t}{\Delta x}\right|_{\Delta x \to 0} \\
&= RGv + RC\frac{\partial v}{\partial t} + LG\frac{\partial v}{\partial t} + LC\frac{\partial^2 v}{\partial t^2} \quad (7.6)
\end{aligned}$$

となる.したがって電圧 v のみで表された式

$$\frac{\partial^2 v}{\partial x^2} = RGv + (RC + LG)\frac{\partial v}{\partial t} + LC\frac{\partial^2 v}{\partial t^2} \tag{7.7}$$

が得られ,同様にして,電流 i のみで表された式

$$\frac{\partial^2 i}{\partial x^2} = RGi + (RC + LG)\frac{\partial i}{\partial t} + LC\frac{\partial^2 i}{\partial t^2} \tag{7.8}$$

も得られる.式 (7.7) および式 (7.8) は,電圧あるいは電流が波動として伝送線路を伝搬していく様子を表す波動方程式の一種であり,**電信方程式**あるいは**伝送方程式**と呼ばれている.

7.3 伝送方程式の定常解

伝送線路上の電圧および電流が,時間的に正弦関数で振動するものと仮定して,

$$v(x,t) = V_x e^{j\omega t}, \quad i(x,t) = I_x e^{j\omega t} \tag{7.9}$$

と置く.ただし V_x, I_x は伝送線路上の位置 x の関数ではあるが,時刻 t には依存しないとする.上式で与えられる電圧,電流を式 (7.3) の伝送の基礎方程式に代入すると,

$$\begin{aligned}\frac{dV_x}{dx} &= -(R + j\omega L)I_x \\ \frac{dI_x}{dx} &= -(G + j\omega C)V_x\end{aligned} \tag{7.10}$$

が得られる.式 (7.10) の一方の式を x について微分し,もう一方の式を代入すると,

$$\begin{aligned}\frac{d^2 V_x}{dx^2} &= \gamma^2 V_x \\ \frac{d^2 I_x}{dx^2} &= \gamma^2 I_x\end{aligned} \tag{7.11}$$

が得られる.ただし,

$$\gamma = \sqrt{(R + j\omega L)(G + j\omega C)} \tag{7.12}$$

である．式 (7.11) は伝送線路の**波動方程式**と呼ばれる．これら波動方程式の解は 2 階微分で元の関数の形が現れることから，一般に，

$$V_x = V_0^+ e^{-\gamma x} + V_0^- e^{+\gamma x}$$
$$I_x = I_0^+ e^{-\gamma x} + I_0^- e^{+\gamma x}$$
(7.13)

によって与えられる．ここで，$V_0^+, V_0^-, I_0^+, I_0^-$ は境界条件により定まる定数である．電流 I_x に関しては，式 (7.13) 第 1 式の V_x を式 (7.10) 第 1 式に代入することにより，

$$I_x = \frac{1}{Z_0}(V_0^+ e^{-\gamma x} - V_0^- e^{+\gamma x}) \tag{7.14}$$

の関係がある．ただし，

$$Z_0 = \sqrt{\frac{R + j\omega L}{G + j\omega C}} \tag{7.15}$$

である．したがって，$V_0^+, V_0^-, I_0^+, I_0^-$ の間には，

$$I_0^+ = \frac{V_0^+}{Z_0}, \quad I_0^- = \frac{-V_0^-}{Z_0} \tag{7.16}$$

の関係がある．

ここで用いた γ を，線路の**伝送定数**または**伝搬定数**といい，その実部を α と書いて**減衰定数**(単位：ネーパ [Np])，虚部を β と書いて**位相定数**(単位：ラジアン [rad]) と呼ぶ．つまり，

$$\gamma = \alpha + j\beta \tag{7.17}$$

である．また，Z_0 を線路の**特性インピーダンス**(単位：オーム) といい，γ と Z_0 が線路を特徴づけることから，線路の**二次定数**という．これに対し，R, G, L, C を線路の**一次定数**という．α, β を線路の一次定数を用いて表すと，

$$\alpha = \sqrt{\frac{1}{2}\left\{\sqrt{(R^2 + \omega^2 L^2)(G^2 + \omega^2 C^2)} + (RG - \omega^2 LC)\right\}}$$
$$\beta = \sqrt{\frac{1}{2}\left\{\sqrt{(R^2 + \omega^2 L^2)(G^2 + \omega^2 C^2)} - (RG - \omega^2 LC)\right\}}$$
(7.18)

となる．通常の伝送線路では，$\alpha, \beta \geq 0$ となる．

7.4 波の伝搬

本節では，時間とともに波がどのように伝搬してゆくかを考える．そのためには式 (7.13) および式 (7.14) で与えられた伝送式には，時刻 t に関する因子 $e^{j\omega t}$ が両辺で落されているので，これを元に戻して，

$$V_x e^{j\omega t} = V_0^+ e^{-\alpha x} e^{j(\omega t - \beta x)} + V_0^- e^{\alpha x} e^{j(\omega t + \beta x)}$$
$$I_x e^{j\omega t} = \frac{V_0^+}{Z_0} e^{-\alpha x} e^{j(\omega t - \beta x)} - \frac{V_0^-}{Z_0} e^{\alpha x} e^{j(\omega t + \beta x)} \quad (7.19)$$

となる．ここで，これらの式が表している現象について考えてみる．第 1 式の右辺第 1 項に着目すると，これは図 7.3(a) に示すように振幅が $V_0^+ e^{-\alpha x}$ で，位相が $\omega t - \beta x$ の電圧波であることが分かる．$\alpha \geq 0$ であり，送電端を $x = 0$ として，送電端から受電端に向かう方向を $+x$ 方向にとっているので，この項が表す電圧振幅は，送電端から受電端に向かうにつれて指数関数的に減少する．また位相に着目すると，ある時刻 t_1 における線路上の点 x_1 の位相が，次の瞬間の時刻 $t_1 + \Delta t$ において線路上の点 $x_1 + \Delta x$ の位相と同じであったとすると，

$$\omega t_1 - \beta x_1 = \omega(t_1 + \Delta t) - \beta(x_1 + \Delta x) \quad (7.20)$$

が成り立ち，同じ位相の点が，時間 Δt の間に距離 Δx だけ動いたと考えられ，これが波の伝搬を表すことになる．ここで $\Delta t \to 0$ の極限を考えると，当然 $\Delta x \to 0$ となり，

$$(v_p \equiv) \frac{dx}{dt} = \frac{\omega}{\beta} \quad (7.21)$$

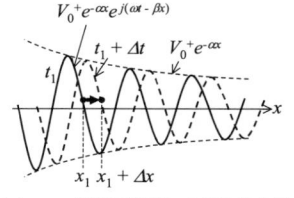

(a) $+x$ 方向に減衰しながら進む波 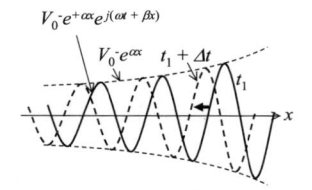 (b) $-x$ 方向に減衰しながら進む波

図 **7.3** 進行波

の関係を得る．dx/dt は波の位相が伝わる速度を表しており，**位相速度**と呼ばれ，v_p で表される．$\omega, \beta \geq 0$ であるから，位相項 $e^{j\omega t - \beta x}$ は $+x$ 方向に進む波を表し，したがって式 (7.19) 第 1 式の右辺第 1 項は，$+x$ 方向に減衰しながら進む電圧波を表わす．このように時間と共に動いていく波を一般的に**進行波**と呼ぶ．同様に考えると右辺第 2 項は図 7.3(b) に示すように，$-x$ 方向に減衰しながら進む電圧波を表している．式 (7.19) の第 2 式は同様に，電流に対する進行波を表していることが分かる．

本書では，$+x$ 方向 ($-x$ 方向) に伝搬する進行波を表す場合に，その電圧振幅あるいは電流振幅の右肩に $+(-)$ の記号を付けて $V^+(V^-)$ あるいは $I^+(I^-)$ のように表すこととした．したがって，V_x^+ および V_x^- の意味するところは，それぞれ線路上での位置 x (送電端を $x = 0$ とする) において，$+x$ 方向および $-x$ 方向に伝搬する電圧波の振幅を表している．

さて，再び位相項 $e^{j\omega t - \beta x}$ に着目すると，ある時刻において位相がちょうど 2π だけ回転する距離 x は $2\pi/\beta$ であり，これを λ と書いて**波長**(単位：メートル) という．すなわち，

$$\lambda = \frac{2\pi}{\beta} \quad \text{または} \quad \beta = \frac{2\pi}{\lambda} \tag{7.22}$$

である．また，$T = 2\pi/\omega$ を**周期**(単位：秒) という．

7.5 線路の行列表現

伝送線路の送電端を 1 つの端子対と考え，受電端をもう 1 つの端子対と考えれば，図 7.4(a) に示すように線路を二端子対回路の一種と考えることができる．送電端 ($x = 0$) における電圧と電流をそれぞれ V_0 と I_0 とすれば，式 (7.13) および式 (7.14) より，

$$V_0 = V_0^+ + V_0^-, \quad I_0 = \frac{1}{Z_0}(V_0^+ - V_0^-) \tag{7.23}$$

であるから，V_0^+ と V_0^- とについて整理して，

$$V_0^+ = \frac{1}{2}(V_0 + Z_0 I_0), \quad V_0^- = \frac{1}{2}(V_0 - Z_0 I_0) \tag{7.24}$$

7.5 線路の行列表現

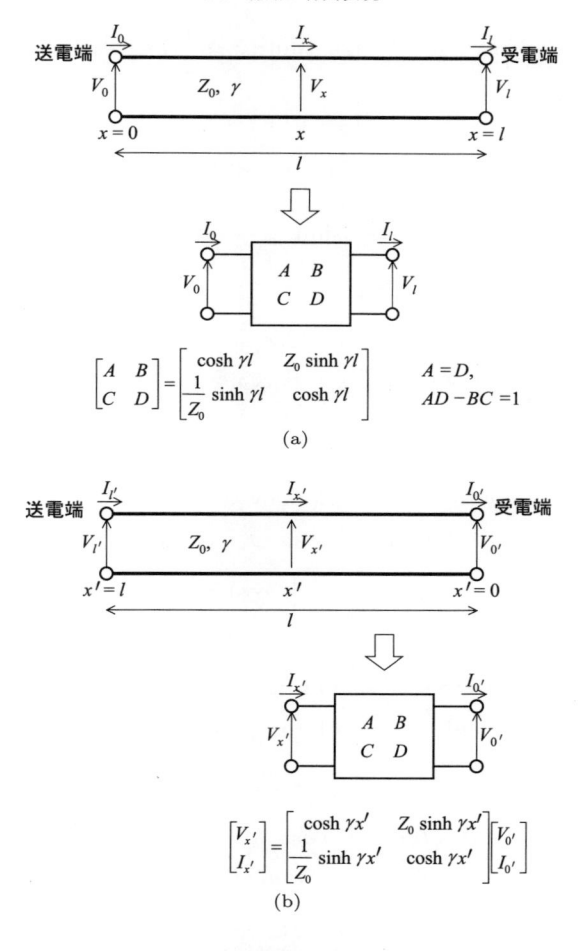

図 7.4 伝送線路の縦続行列表示

を得る．これらを式 (7.13) および式 (7.14) に用いれば，

$$V_x = \frac{1}{2}(V_0 + Z_0 I_0)e^{-\gamma x} + \frac{1}{2}(V_0 - Z_0 I_0)e^{+\gamma x}$$
$$I_x = \frac{1}{2Z_0}(V_0 + Z_0 I_0)e^{-\gamma x} - \frac{1}{2Z_0}(V_0 - Z_0 I_0)e^{+\gamma x} \tag{7.25}$$

が得られる．双曲線関数の公式

$$\cosh \gamma x = \frac{1}{2}(e^{\gamma x} + e^{-\gamma x}), \quad \sinh \gamma x = \frac{1}{2}(e^{\gamma x} - e^{-\gamma x}) \tag{7.26}$$

を用いて整理すれば，

$$\begin{aligned} V_x &= V_0 \cosh \gamma x - Z_0 I_0 \sinh \gamma x \\ I_x &= -\frac{V_0}{Z_0} \sinh \gamma x + I_0 \cosh \gamma x \end{aligned} \tag{7.27}$$

となる．上式を行列を用いて表すと，

$$\begin{bmatrix} V_x \\ I_x \end{bmatrix} = \begin{bmatrix} \cosh \gamma x & -Z_0 \sinh \gamma x \\ -\frac{1}{Z_0} \sinh \gamma x & \cosh \gamma x \end{bmatrix} \begin{bmatrix} V_0 \\ I_0 \end{bmatrix} \tag{7.28}$$

となる．したがって，

$$\begin{aligned} \begin{bmatrix} V_0 \\ I_0 \end{bmatrix} &= \begin{bmatrix} \cosh \gamma x & -Z_0 \sinh \gamma x \\ -\frac{1}{Z_0} \sinh \gamma x & \cosh \gamma x \end{bmatrix}^{-1} \begin{bmatrix} V_x \\ I_x \end{bmatrix} \\ &= \frac{1}{\cosh^2 \gamma x - \sinh^2 \gamma x} \begin{bmatrix} \cosh \gamma x & Z_0 \sinh \gamma x \\ \frac{1}{Z_0} \sinh \gamma x & \cosh \gamma x \end{bmatrix} \begin{bmatrix} V_x \\ I_x \end{bmatrix} \\ &= \begin{bmatrix} \cosh \gamma x & Z_0 \sinh \gamma x \\ \frac{1}{Z_0} \sinh \gamma x & \cosh \gamma x \end{bmatrix} \begin{bmatrix} V_x \\ I_x \end{bmatrix} \end{aligned} \tag{7.29}$$

となり，長さ l の伝送線路に対応する縦続行列は，

$$\begin{bmatrix} A & B \\ C & D \end{bmatrix} = \begin{bmatrix} \cosh \gamma l & Z_0 \sinh \gamma l \\ \frac{1}{Z_0} \sinh \gamma l & \cosh \gamma l \end{bmatrix} \tag{7.30}$$

となる．上式より，$A = D$，$AD - BC = 1$ であるから，線路は対称かつ相反回路である．

したがって逆に，図 7.4(b) に示すように，受電端での電圧 $V_{0'}$ と電流 $I_{0'}$ が与えられているとき，受電端からの距離 x' の点での電圧 $V_{x'}$ および電流 $I_{x'}$ は式 (7.29) より，

$$\begin{bmatrix} V_{x'} \\ I_{x'} \end{bmatrix} = \begin{bmatrix} \cosh \gamma x' & Z_0 \sinh \gamma x' \\ \frac{1}{Z_0} \sinh \gamma x' & \cosh \gamma x' \end{bmatrix} \begin{bmatrix} V_{0'} \\ I_{0'} \end{bmatrix} \tag{7.31}$$

で与えられる．

7.6 線路端条件による電圧・電流分布

a. 半無限長線路

図 7.5 に示すように,送電端を $x = 0$ とし,$+x$ 方向に無限に長い線路を考える.線路の端での境界条件は以下のように与えられるから,

(i) $x \to \infty$ で $V = 0$, $I = 0$ ($\because \alpha > 0$)
(ii) $x = 0$ で $V = V_0$, $I = I_0$

式 (7.13) において (i) より右辺第 2 項は 0 でないといけないし,また (ii) も含めて考えると $V_0^+ = V_0$ である.したがって,線路上の任意の位置 x における電圧 V_x は,

$$V_x = V_0 e^{-\gamma x} = V_0 e^{-(\alpha + j\beta)x} \tag{7.32}$$

で与えられる.第 2 項が 0 ということは,$-x$ 方向 (図 7.5 において右から左) に進む (電圧) 波が存在しないことを意味し,すなわち反射波が存在しないこと (無反射) を意味する.

電流についても同様にして,線路上の任意の点 x における電流 I_x は,

$$I_x = \left(\frac{V_0}{Z_0}\right) e^{-\gamma x} = I_0 e^{-\gamma x} = I_0 e^{-(\alpha + j\beta)x} \tag{7.33}$$

によって与えられる.また,V_x と I_x の比 Z_x を,その点 x より受電端の方を見た**駆動点インピーダンス**といい,それは

$$Z_x = \frac{V_x}{I_x} = Z_0 \tag{7.34}$$

から,特性インピーダンス Z_0 に等しい.したがってこの場合,線路上のどの点からでも (送電端からでも) 受電端の方を見たインピーダンスは Z_0 である.

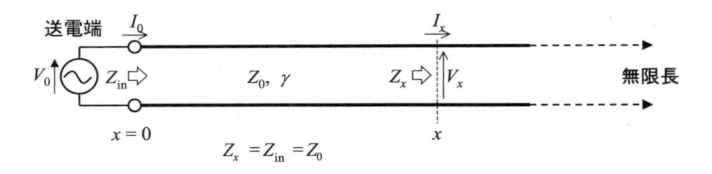

図 7.5 半無限長線路

図 7.6 の図:

送電端 I_0 → ... I_x → ... I_l → 受電端
V_0, Z_{in} →, Z_0, γ, Z_x → V_x, V_l Z_0, $\dfrac{V_l}{I_l} = Z_0$
$x = 0$ ... x ... $x = l$

$V_x = V_0 e^{-\gamma x}$
$I_x = (V_0/Z_0)e^{-\gamma x} = I_0 e^{-\gamma x}$

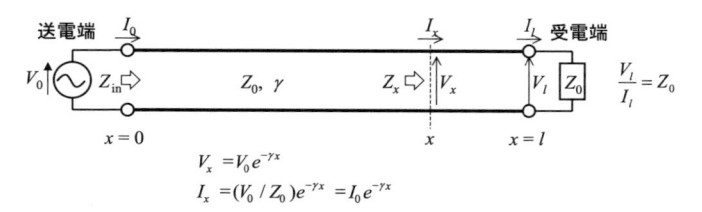

図 7.6 特性インピーダンス Z_0 で終端した線路

b. インピーダンス Z_0 の負荷で終端した場合

図 7.6 に示すように，受電端を $x = l$ とし，受電端に線路の特性インピーダンス Z_0 に等しい値の負荷インピーダンスを接続すれば，受電端電圧 V_l および電流 I_l の間に $V_l/I_l = Z_0$ の関係があるから，受電端での電圧，電流を式 (7.13)，(7.14) より

$$V_l = V_0^+ e^{-\gamma l} + V_0^- e^{+\gamma l}$$
$$I_l = \frac{1}{Z_0}(V_0^+ e^{-\gamma l} - V_0^- e^{+\gamma l}) \tag{7.35}$$

とすると，先の関係より $V_0^- = 0$ でなければならない．したがって，送電端の電圧を V_0 とすると，

$$V_x = V_0 e^{-\gamma x}$$
$$I_x = \frac{V_0}{Z_0} e^{-\gamma x} \tag{7.36}$$

となり，先の半無限線路の場合に等しい．したがって，伝送線路をその特性インピーダンスに等しい値の負荷インピーダンスにより終端した場合には，反射波はなくなる．またこのとき，線路上の任意の点から (もちろん送電端からでも) 受電端の方を見たインピーダンスは Z_0 となる．

c. 受電端を短絡した場合

受電端 $(x = l)$ での電圧，電流をそれぞれ V_l, I_l とすると式 (7.25) より，

$$V_l = \frac{1}{2}(V_0 + Z_0 I_0)e^{-\gamma l} + \frac{1}{2}(V_0 - Z_0 I_0)e^{+\gamma l}$$
$$I_l = \frac{1}{2Z_0}(V_0 + Z_0 I_0)e^{-\gamma l} - \frac{1}{2Z_0}(V_0 - Z_0 I_0)e^{+\gamma l} \tag{7.37}$$

が成り立つ．上の第2式の両辺に Z_0 を掛けて，第1式と加減を行うことにより，

$$\begin{aligned} V_0 + Z_0 I_0 &= (V_l + Z_0 I_l)e^{+\gamma l} \\ V_0 - Z_0 I_0 &= (V_l - Z_0 I_l)e^{-\gamma l} \end{aligned} \quad (7.38)$$

を得る．上式を式 (7.25) に代入すると，線路上の任意の位置での電圧，電流を，受電端での電圧，電流によって表した次式が得られる．

$$\begin{aligned} V_x &= \frac{1}{2}(V_l + Z_0 I_l)e^{+\gamma(l-x)} + \frac{1}{2}(V_l - Z_0 I_l)e^{-\gamma(l-x)} \\ I_x &= \frac{1}{2Z_0}(V_l + Z_0 I_l)e^{+\gamma(l-x)} - \frac{1}{2Z_0}(V_l - Z_0 I_l)e^{-\gamma(l-x)} \end{aligned} \quad (7.39)$$

また，長さ l の伝送線路に対応する縦続行列が式 (7.30) で与えられることから，線路上での位置 x すなわち受電端から距離 $l-x$ だけ送電端寄りの位置での電圧，電流は次式で与えられる．

$$\begin{bmatrix} V_x \\ I_x \end{bmatrix} = \begin{bmatrix} \cosh\gamma(l-x) & Z_0 \sinh\gamma(l-x) \\ \frac{1}{Z_0}\sinh\gamma(l-x) & \cosh\gamma(l-x) \end{bmatrix} \begin{bmatrix} V_l \\ I_l \end{bmatrix} \quad (7.40)$$

したがって，線路上の位置 x (x は送電端からの距離) での電圧，電流は，双曲線関数を用いた表現として，

$$\begin{aligned} V_x &= V_l \cosh\gamma(l-x) + Z_0 I_l \sinh\gamma(l-x) \\ I_x &= \frac{V_l}{Z_0} \sinh\gamma(l-x) + I_l \cosh\gamma(l-x) \end{aligned} \quad (7.41)$$

として与えることもできる．

図 7.7(a) に示すように，受電端を短絡したときは $V_l = 0$ であるから，

$$\begin{aligned} V_x &= \frac{1}{2}Z_0 I_l \{e^{+\gamma(l-x)} - e^{-\gamma(l-x)}\} = Z_0 I_l \sinh\gamma(l-x) \\ I_x &= \frac{1}{2}I_l \{e^{+\gamma(l-x)} + e^{-\gamma(l-x)}\} = I_l \cosh\gamma(l-x) \end{aligned} \quad (7.42)$$

となる．したがって，受電端 ($x = l$) では入射波と反射波の振幅が相等しい．すなわち，受電端に至った入射波は全て反射波となって，送電端の方に戻ってい

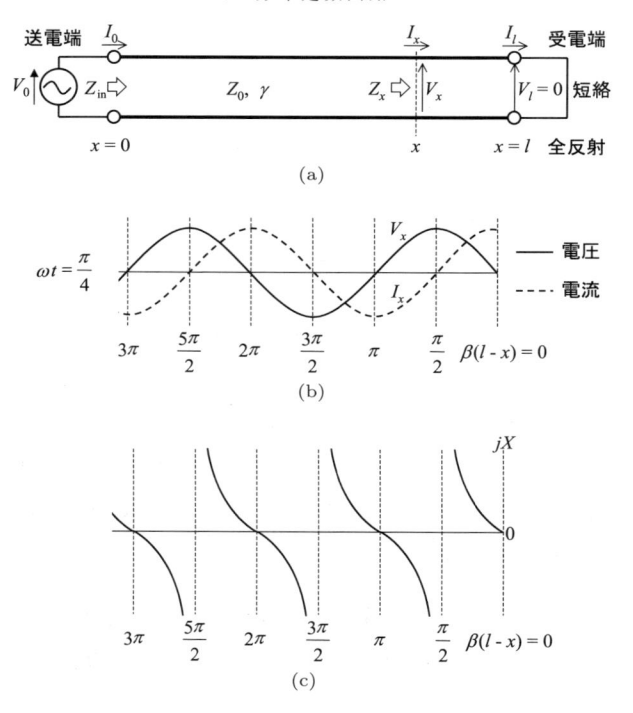

図 7.7 (a) 受電端を短絡した線路，(b) 線路上での電圧，電流の分布，および (c) 線路上でのインピーダンスの分布

く．つまり，**全反射**される．受電端付近での電圧および電流の様子を図 7.7(b) に示す．ただし，図は $\alpha = 0$ での様子を描いている．

線路上の任意の位置から受電端の方を見たときの駆動点インピーダンスは，式 (7.42) より

$$Z_x = \frac{V_x}{I_x} = Z_0 \tanh \gamma(l - x) \tag{7.43}$$

となる．特に $\alpha = 0$ のときは $Z_x = jZ_0 \tan \beta(l - x)$ となり，これを図示すると図 7.7(c) に示すようになる．

d. 受電端を開放した場合

図 7.8(a) に示すように，受電端開放の場合は受電端短絡の場合と双対な関係にあり，電圧と電流の立場を入れ換えて考えればよい．線路上の任意の位置で

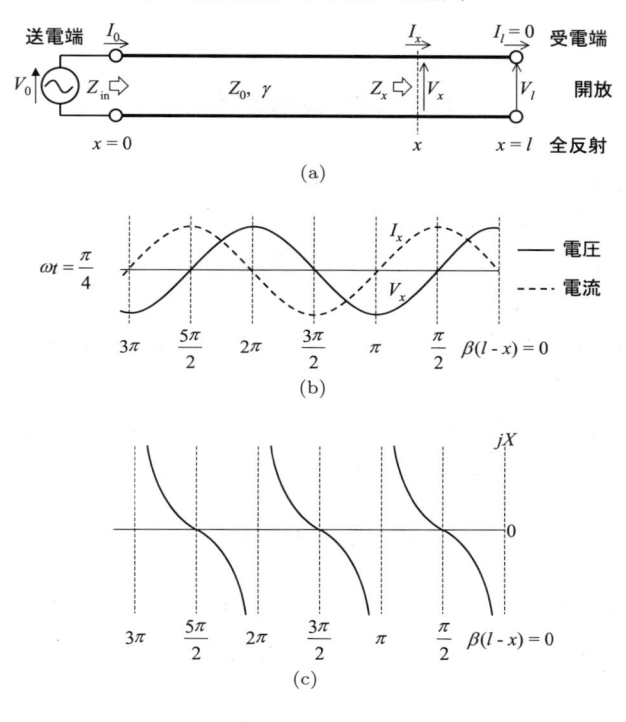

7.6 線路端条件による電圧・電流分布

図 7.8 (a) 受電端を開放した線路，(b) 線路上での電圧，電流の分布，および (c) 線路上でのインピーダンスの分布

の電圧と電流は，$I_l = 0$ を式 (7.39) および式 (7.41) に代入して，

$$V_x = \frac{1}{2}V_l\{e^{+\gamma(l-x)} + e^{-\gamma(l-x)}\} = V_l\cosh\gamma(l-x)$$
$$I_x = \frac{1}{2Z_0}V_l\{e^{+\gamma(l-x)} - e^{-\gamma(l-x)}\} = \frac{V_l}{Z_0}\sinh\gamma(l-x) \quad (7.44)$$

となる．この場合も受電端での入射波と反射波の振幅は等しく，全反射となる．受電端付近での電圧および電流の様子 ($\alpha = 0$ の場合) を図 7.8(b) に示す．

線路上の任意の位置から受電端の方を見たときの駆動点インピーダンスは，式 (7.44) より

$$Z_x = \frac{V_x}{I_x} = Z_0\coth\gamma(l-x) \quad (7.45)$$

となる．特に $\alpha = 0$ のときは $Z_x = -j\cot\beta(l-x)$ となり，これを図示すると

図 7.8(c) に示すようになる.

7.7　波の反射と定在波

　ここで，波の反射により定在波が生じる様子を見てみよう．$+x$ 方向に進む入射波が反射端で全反射を起こして反射されることにより，互いに逆方向に進行する 2 つの進行波 (入射波と反射波) を生じ，それらの干渉 (重ね合わせ) によって定在波が生じる様子を図 7.9 に示した．上から下に行くに従って，$\omega t = \pi/4$ ごとに時間が経過していく様子が示されており，入射波と反射波が同じ位相で重なる場所では定在波の腹となり，逆の位相で重なる場所では節となることが分かる．また，定在波の節と節，あるいは腹と腹の間隔は，入射波の波長を λ とすると，$\lambda/2$ であることも分かる．

7.8　反　射　係　数

　図 7.10 に示すように，線路上の任意の位置 x での電圧 V_x，電流 I_x は式 (7.13), (7.14) によれば，その位置での入射電圧波 V_x^+ と反射電圧波 V_x^- ある

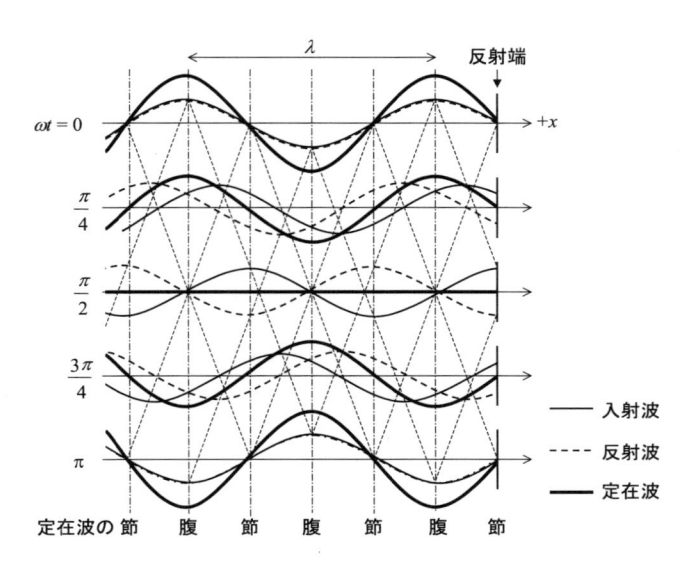

図 **7.9**　波の反射と定在波

7.8 反射係数

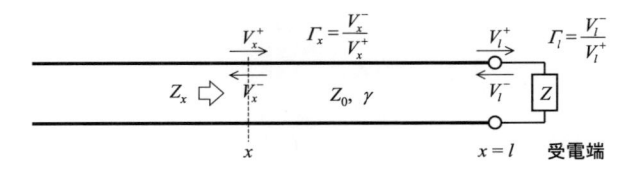

図 7.10 反射係数

いは入射電流波 I_x^+ と反射電流波 I_x^- の重ね合わせによって，

$$V_x = V_x^+ + V_x^-$$
$$I_x = I_x^+ + I_x^- = \frac{1}{Z_0}(V_x^+ - V_x^-) \quad (7.46)$$

と与えられる．ただし，

$$V_x^+ = V_0^+ e^{-\gamma x}, \quad V_x^- = V_0^- e^{+\gamma x}$$
$$I_x^+ = I_0^+ e^{-\gamma x} = \frac{V_0^+ e^{-\gamma x}}{Z_0}, \quad I_x^- = I_0^- e^{+\gamma x} = -\frac{V_0^- e^{+\gamma x}}{Z_0} \quad (7.47)$$

である．式 (7.46) より，

$$V_x^+ = \frac{1}{2}(V_x + Z_0 I_x), \quad V_x^- = \frac{1}{2}(V_x - Z_0 I_x) \quad (7.48)$$

の関係を得る．この式は線路の電圧 V_x，電流 I_x から，入射電圧波 V_x^+ および反射電圧波 V_x^- を求める式になる．特に受電端 $(x = l)$ では，

$$V_l = V_l^+ + V_l^-, \quad Z_0 I_l = V_l^+ - V_l^- \quad (7.49)$$

$$V_l^+ = V_0^+ e^{-\gamma l} = \frac{1}{2}(V_l + Z_0 I_l)$$
$$V_l^- = V_0^- e^{+\gamma l} = \frac{1}{2}(V_l - Z_0 I_l) \quad (7.50)$$

である．

線路上の任意の位置 x における反射電圧波 V_x^- と入射電圧波 V_x^+ との比を**電圧反射係数**あるいは単に**反射係数**といい，$\varGamma_x$ で表すことにすると，

$$\varGamma_x = \frac{V_x^-}{V_x^+} = \frac{V_x - Z_0 I_x}{V_x + Z_0 I_x} = \frac{Z_x - Z_0}{Z_x + Z_0} \quad (7.51)$$

と書ける．ちなみに，反射電流波 I_x^- と入射電流波 I_x^+ との比を電流反射係数といい，式 (7.47) の関係を用いると，

$$\text{電流反射係数} = \frac{I_x^-}{I_x^+} = -\frac{V_x^-}{V_x^+} = -\varGamma_x = -(\text{電圧反射係数}) \tag{7.52}$$

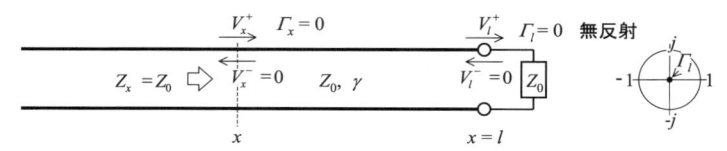

(a) 半無限長または，受電端を特性インピーダンス Z_0 で終端した場合

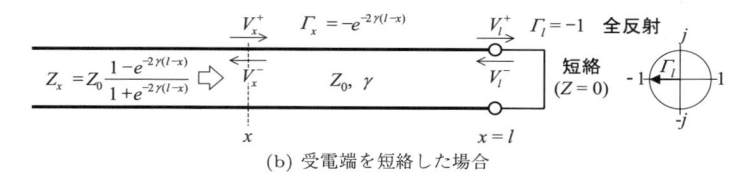

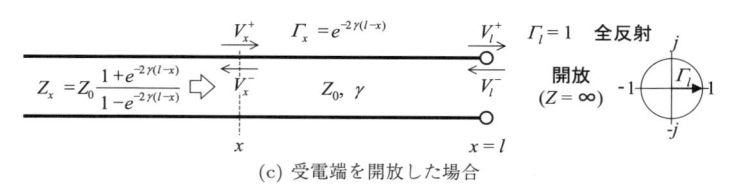

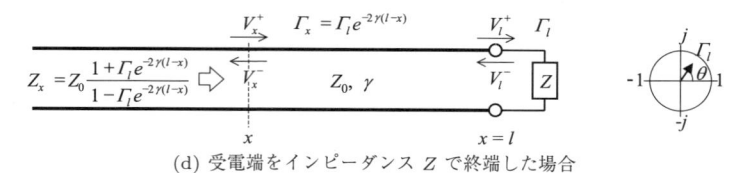

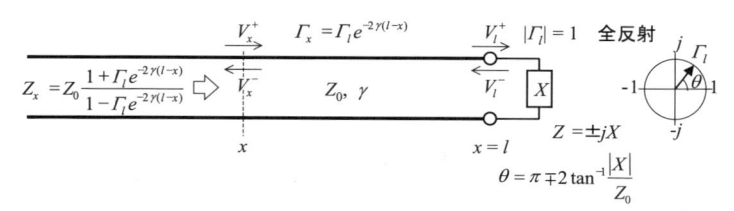

$Z_x = Z_0$, $\varGamma_x = 0$, $V_x^- = 0$, Z_0, γ, $\varGamma_l = 0$ 無反射, $V_l^- = 0$

(b) 受電端を短絡した場合

$Z_x = Z_0 \dfrac{1 - e^{-2\gamma(l-x)}}{1 + e^{-2\gamma(l-x)}}$, $\varGamma_x = -e^{-2\gamma(l-x)}$, Z_0, γ, $\varGamma_l = -1$ 全反射 短絡 ($Z = 0$)

(c) 受電端を開放した場合

$Z_x = Z_0 \dfrac{1 + e^{-2\gamma(l-x)}}{1 - e^{-2\gamma(l-x)}}$, $\varGamma_x = e^{-2\gamma(l-x)}$, Z_0, γ, $\varGamma_l = 1$ 全反射 開放 ($Z = \infty$)

(d) 受電端をインピーダンス Z で終端した場合

$Z_x = Z_0 \dfrac{1 + \varGamma_l e^{-2\gamma(l-x)}}{1 - \varGamma_l e^{-2\gamma(l-x)}}$, $\varGamma_x = \varGamma_l e^{-2\gamma(l-x)}$, Z_0, γ, $\varGamma_l$

(e) 受電端をリアクタンス X で終端した場合

$Z_x = Z_0 \dfrac{1 + \varGamma_l e^{-2\gamma(l-x)}}{1 - \varGamma_l e^{-2\gamma(l-x)}}$, $\varGamma_x = \varGamma_l e^{-2\gamma(l-x)}$, Z_0, γ, $|\varGamma_l| = 1$ 全反射

$Z = \pm jX$

$\theta = \pi \mp 2\tan^{-1}\dfrac{|X|}{Z_0}$

図 **7.11**　線路の各種終端条件における反射係数

であることが分かる．式 (7.51) より，

$$\frac{Z_x}{Z_0} = \frac{1+\Gamma_x}{1-\Gamma_x} \tag{7.53}$$

と書くことができる．これらの関係について受電端で考えて，今，受電端に負荷インピーダンス Z を接続したとすると，受電端における反射係数 Γ_l は，

$$\Gamma_l = \frac{Z-Z_0}{Z+Z_0}, \quad \frac{Z}{Z_0} = \frac{1+\Gamma_l}{1-\Gamma_l} \tag{7.54}$$

で与えられる．特性インピーダンス Z_0 の線路に負荷 Z を接続したとき，受電端に到来した入射波のうちのどれだけが反射波となって送電端の方に戻っていくのかを示すのが，受電端での反射係数 Γ_l である．式 (7.54) から分かるように，$Z=Z_0$ ならば $\Gamma_l=0$ で，受電端での反射は起こらない．つまり，7.6b 項で述べた「受電端を特性インピーダンス Z_0 に等しい値の負荷で終端した場合」がこれに当たる．Γ_x と Γ_l の関係は，式 (7.47)，式 (7.50) および式 (7.51) より，

$$\Gamma_x = \frac{V_x^-}{V_x^+} = \frac{V_0^- e^{+\gamma x}}{V_0^+ e^{-\gamma x}} = \frac{V_l^- e^{-\gamma(l-x)}}{V_l^+ e^{+\gamma(l-x)}} = \Gamma_l e^{-2\gamma(l-x)} \tag{7.55}$$

と表される．

終端条件の異なる各種線路において，線路上の任意の点での反射係数および駆動点インピーダンスの違いを図 7.11(a)〜(e) に示す．

7.9 各 種 線 路

a. 理想線路 (無損失線路)

線路の一次定数のうち R, G が共に 0 であるときには，式 (7.15) および式 (7.18) より，

$$\alpha = 0, \quad \beta = \omega\sqrt{LC}, \quad Z_0 = \sqrt{\frac{L}{C}} \tag{7.56}$$

となり，減衰定数は 0，位相定数は ω に比例する．この場合，減衰定数が 0 であることから，**無損失線路**と呼ばれる．このとき位相速度 v_p は，

$$v_p = \frac{\omega}{\beta} = \frac{\omega}{\omega\sqrt{LC}} = \frac{1}{\sqrt{LC}} \tag{7.57}$$

となり，周波数に無関係に一定となる．その場合，次項で述べる無歪の条件も同時に満足しているので，**理想線路**と呼ばれることもある．

b. 減衰極小条件と無歪線路

理想線路はあくまでも仮想的なもので，現実の伝送線路では $R, G > 0$ であり，$R \to 0$ にしようとすると，超伝導体でもない限りは，電気抵抗を下げるために導線を太くするしかない．また，G に関しては，実用上十分小さな値が得られてはいるが，それでもさらに $G \to 0$ にしようとすると，特殊な絶縁材料の開発が必要となる．そこで，現実的な R や G の値の範囲内で，いかにして伝搬損失を下げられるかが重要となる．

そこで，線路の一次定数のうち，R と G を一定として L および C を変化させた場合に，α が極小になる条件を求めてみる．まず，L を変化させた場合について見るために，伝搬定数 γ を L について微分すると，

$$\frac{\partial \gamma}{\partial L} = \frac{\partial \alpha}{\partial L} + j\frac{\partial \beta}{\partial L} = \frac{j\omega}{2}\sqrt{\frac{G + j\omega C}{R + j\omega L}} = \frac{j\omega}{2Z_0} \tag{7.58}$$

となり，$\partial \alpha / \partial L = 0$ となるためには，Z_0 が実数であればよい．

$$Z_0 = \sqrt{\frac{R}{G} \cdot \frac{1 + j\omega L/R}{1 + j\omega C/G}} \tag{7.59}$$

から明らかに $L/R = C/G$ が満たされれば，

$$Z_0 = \sqrt{\frac{R}{G}} = \sqrt{\frac{L}{C}} \tag{7.60}$$

となり，正の一定値となる．また，C の変化に対しても同様に，

$$\frac{\partial \gamma}{\partial C} = \frac{j\omega Z_0}{2} \tag{7.61}$$

となり，やはり Z_0 が実数のとき $\partial \alpha / \partial C = 0$ の極小条件が成り立つ．

したがって，線路の一次定数に上記の $RC = LG$ の関係があるときには，減衰定数は極小となり，その値 $\alpha_{\min}$ および位相定数は，

$$\alpha_{\min} = \sqrt{RG}, \quad \beta = \omega\sqrt{LC} \tag{7.62}$$

となる．また，特性インピーダンスは式 (7.15) より，

$$Z_0 = \sqrt{\frac{R+j\omega L}{G+j\omega C}} = \sqrt{\frac{L(R/L+j\omega)}{C(G/C+j\omega)}} = \sqrt{\frac{L}{C}} \tag{7.63}$$

となる．

この場合，減衰定数は周波数に無関係に一定となり，位相定数は周波数に比例する．したがって，位相速度は式 (7.57) と同じになり，周波数に無関係となる．さらに特性インピーダンスも周波数に無関係である．

伝送線路を電気信号が歪むことなく伝搬するためには，図 7.12(a) に示すように，受信信号 $g(t)$ が送信信号 $f(t)$ と，

$$g(t) = A_0 f(t-t_0), \quad A_0, t_0 \text{は定数} \tag{7.64}$$

の関係によって表されることである．すなわち，その伝送線路の特性として，

 (i)   減衰定数 (あるいは，増幅利得) が周波数に無関係に一定
 (ii) 位相定数が周波数に比例 (言い換えれば，位相速度が一定)

の条件を満たしていなければならない．すなわち伝送線路においては，①α が一定で，②β が ω に比例することと，③線路の特性インピーダンスが一様であることである．③の条件が必要な理由は，もし特性インピーダンスが一様でなければ，図 7.12(b) に示すように不連続点で反射が起こり，反射波が信号波に重ね合わさることにより，波形が歪むからである．したがって，$RC = LG$

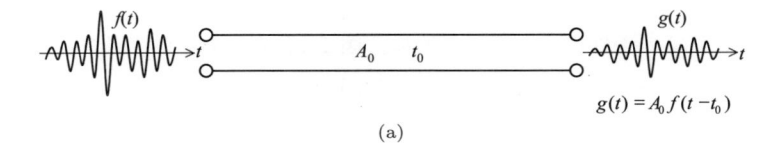

図 7.12 無歪線路の条件

は減衰極小条件であるとともに，無歪条件でもある．

c. 分布 RC 線路

線路の一次定数が図 7.13 に示すように $L = G = 0$ として近似できる線路を，**分布 RC 線路**といい，W. Thomson によって海底ケーブルの研究に用いられたことから，トムソンケーブルとも呼ばれる．このとき伝搬定数および特性インピーダンスはそれぞれ，

$$\gamma = \sqrt{j\omega RC}, \quad Z_0 = \sqrt{\frac{R}{j\omega C}} \tag{7.65}$$

となり，共に $\sqrt{j\omega}$ の関数になる．

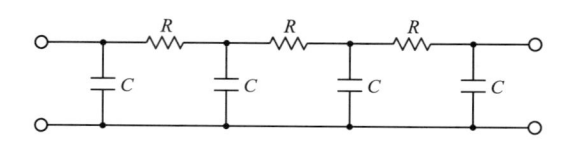

図 7.13 分布 RC 線路

d. 装荷線路と無装荷線路

実際の架空伝送線路では，通常 G が非常に小さいために $L/R \ll C/G$ となり，無歪や減衰極小条件からは大きくかけ離れたものとなっている．そこで，$L/R = C/G$ の条件に近づけるために，図 7.14 に示すように線路の途中に装荷コイル L を挿入した装荷ケーブルが M. Pupin らにより考案され，伝送距離を飛躍的に延ばすことに成功したために，真空管が発明される以前には広く使われていた．しかし，真空管による電気信号の増幅が可能になってからは，松前重義，篠原登らがその実用化に大きく貢献した無装荷ケーブル方式に次第に

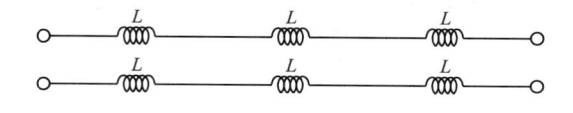

図 7.14 装荷線路

置き換わっていった．現在ではさらに同軸ケーブルによる伝送が電気通信方式の主流となっている．

7.10 複 合 線 路

a. 線路の接続点での反射と透過

図 7.15 に示すように，線路の二次定数がそれぞれ γ_1, Z_{01} および γ_2, Z_{02} の2種類の線路を縦続接続した場合について考える．それぞれの線路上の電圧を $V_1(x), V_2(x)$，電流を $I_1(x), I_2(x)$，線路の接続点を $x = 0$ とし，その点におけるそれぞれの線路の入射電圧波を V_1^+, V_2^+，反射電圧波を V_1^-, V_2^- とすれば，

$$V_1(x) = V_1^+ e^{-\gamma_1 x} + V_1^- e^{\gamma_1 x}, \quad V_2(x) = V_2^+ e^{-\gamma_2 x} + V_2^- e^{\gamma_2 x} \quad (7.66)$$

$$\begin{aligned} I_1(x) &= I_1^+ e^{-\gamma_1 x} + I_1^- e^{\gamma_1 x} = \frac{V_1^+}{Z_{01}} e^{-\gamma_1 x} - \frac{V_1^-}{Z_{01}} e^{\gamma_1 x} \\ I_2(x) &= I_2^+ e^{-\gamma_2 x} + I_2^- e^{\gamma_2 x} = \frac{V_2^+}{Z_{02}} e^{-\gamma_2 x} - \frac{V_2^-}{Z_{02}} e^{\gamma_2 x} \end{aligned} \quad (7.67)$$

の関係が成り立つ．図 7.15 において，白抜きの矢印は波の伝搬方向を表しており，実線の矢印は電圧，電流の正方向を定義している．ここで，$x = 0$ の接続点における電圧と電流をそれぞれ V_0, I_0 とすると，接続点での電圧および電流の連続性より，

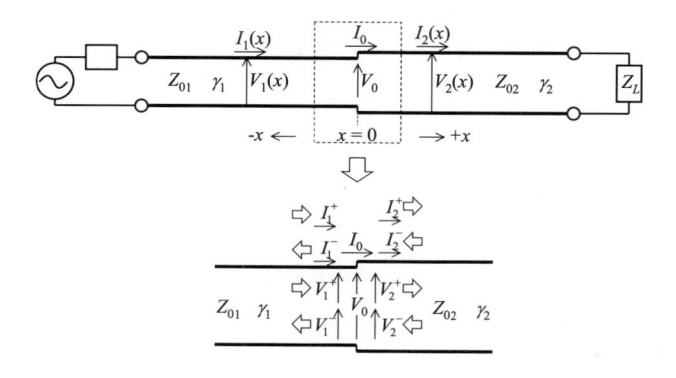

図 **7.15** 2 種類の線路の縦続接続

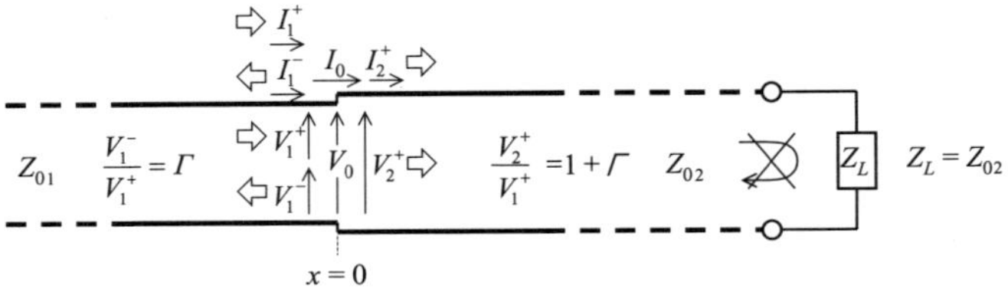

図 7.16 線路の接続点における反射と透過

$$V_1^+ + V_1^- = V_2^+ + V_2^- = V_0 \tag{7.68}$$

$$\begin{aligned} I_1^+ + I_1^- &= I_2^+ + I_2^- = I_0 \\ \frac{V_1^+}{Z_{01}} - \frac{V_1^-}{Z_{01}} &= \frac{V_2^+}{Z_{02}} - \frac{V_2^-}{Z_{02}} = I_0 \end{aligned} \tag{7.69}$$

で与えられる．ここで図 7.16 に示すように，第 2 の線路が負荷インピーダンス Z_L により終端されており，$Z_L = Z_{02}$ であったとする．あるいは第 2 の線路が無限に長いとすると，7.6a 項あるいは 7.6b 項で述べたように，第 2 の線路上には反射波がない．すなわち $V_2^- = 0$ であるから，

$$V_1^+ + V_1^- = V_2^+ = V_0, \quad \frac{V_1^+}{Z_{01}} - \frac{V_1^-}{Z_{01}} = \frac{V_2^+}{Z_{02}} = I_0 \tag{7.70}$$

が成り立つ．上式より V_2^+ または V_1^- を消去すれば，接続点 $x = 0$ において，

$$\frac{V_1^-}{V_1^+} = \frac{Z_{02} - Z_{01}}{Z_{01} + Z_{02}} = \Gamma \tag{7.71}$$

$$\frac{V_2^+}{V_1^+} = \frac{2Z_{02}}{Z_{01} + Z_{02}} = 1 + \Gamma \tag{7.72}$$

の関係が得られる．式 (7.71) は，第 1 の線路 (Z_{01}) を Z_{02} なる負荷インピーダンスで終端した時の反射係数 (式 (7.54)) に等しい．また式 (7.72) は，同じ状態で，接続点を通過して第 2 の線路の負荷インピーダンスの方へ伝搬する電圧波 V_2^+ の，入射波 V_1^+ に対する比を表している．その意味で，$1 + \Gamma$ を (電圧) **透過係数**と呼ぶ．

同様に電流について考えると，

$$\frac{I_1^-}{I_1^+} = \frac{-V_1^-/Z_{01}}{V_1^+/Z_{01}} = \frac{-V_1^-}{V_1^+} = -\Gamma \tag{7.73}$$

$$\frac{I_2^+}{I_1^+} = \frac{V_2^+/Z_{02}}{V_1^+/Z_{01}} = \frac{2Z_{01}}{Z_{01}+Z_{02}} = 1-\Gamma \tag{7.74}$$

となり，式 (7.73) は電流に対する反射係数を，式 (7.74) は電流に対する透過係数を表している．

式 (7.68) および式 (7.69) より，接続点における電圧 V_0 および電流 I_0 によって，各線路上の入射電圧 (電流) 波および反射電圧 (電流) 波を表せば，

$$V_1^+ = \frac{V_0}{1+\Gamma}, \quad V_1^- = \frac{\Gamma V_0}{1+\Gamma} \tag{7.75}$$

$$I_1^+ = \frac{I_0}{1-\Gamma}, \quad I_1^- = -\frac{\Gamma I_0}{1-\Gamma} \tag{7.76}$$

$$V_2^+ = V_0, \quad V_2^- = 0, \quad I_2^+ = I_0, \quad I_2^- = 0 \tag{7.77}$$

であるから，式 (7.66)，(7.67) に代入して，

$$\frac{V_1(x)}{V_0} = \frac{e^{-\gamma_1 x} + \Gamma e^{\gamma_1 x}}{1+\Gamma}, \quad \frac{I_1(x)}{I_0} = \frac{e^{-\gamma_1 x} - \Gamma e^{\gamma_1 x}}{1-\Gamma}$$
$$\frac{V_2(x)}{V_0} = e^{-\gamma_2 x}, \quad \frac{I_2(x)}{I_0} = e^{-\gamma_2 x} \tag{7.78}$$

を得る．つまり，複合線路上の任意の位置での電圧，電流は，線路の接続点での電圧，電流および反射係数によって記述できる．このことは，一様な線路上の任意の位置には入射波と反射波が存在するが，一様な線路の途中で反射波が生じることはなく，その反射波は線路の不連続点 (受電端とか接続点とか) において発生したものが，その点を通って送電端の方へ戻っていく途中のものであることを示している．

b. 3 種類の線路の縦続接続

本項では図 7.17(a) に示すように，3 種類の線路からなる複合線路上の波の伝搬について述べる．各線路上の電圧 $V_n(x)(n=1,2,3)$ および電流 $I_n(x)(n=1,2,3)$ は，

$$V_n(x) = V_n^+ e^{-\gamma_n x} + V_n^- e^{\gamma_n x}, \quad I_n(x) = \frac{V_n^+}{Z_{0n}} e^{-\gamma_n x} - \frac{V_n^-}{Z_{0n}} e^{\gamma_n x} \tag{7.79}$$

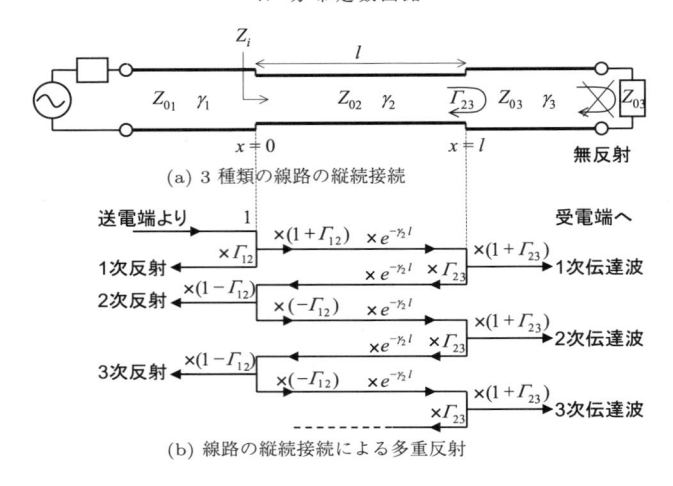

図 7.17 3種類の線路の縦続接続

(a) 3種類の線路の縦続接続

(b) 線路の縦続接続による多重反射

と表せる.ただし,V_n^+, V_n^- はそれぞれ入射電圧波と反射電圧波の振幅に係わる定数,γ_n は n 番目の線路の伝搬定数,Z_{0n} は n 番目の線路の特性インピーダンスである.ここで,3番目の線路に負荷インピーダンスが接続されており,その値が3番目の線路の特性インピーダンス Z_{03} に等しいとする,あるいは3番目の線路が無限に長いとすると,第2の線路と第3の線路の接続点 $(x = l)$ における反射係数 (第2の線路から第3の線路の方を見た) Γ_{23} は,

$$\Gamma_{23} = \frac{Z_{03} - Z_{02}}{Z_{02} + Z_{03}} \tag{7.80}$$

で与えられる.第1の線路と第2の線路の接続点 $(x = 0)$ より負荷の方を見たインピーダンス Z_i を求めれば,式 (7.79) および $\Gamma_{23} = (V_2^-/V_2^+)e^{2\gamma_2 l}$ の関係より

$$\begin{aligned} Z_i &= \frac{V_2(0)}{I_2(0)} = Z_{02} \frac{V_2^+ + V_2^-}{V_2^+ - V_2^-} \\ &= Z_{02} \frac{1 + V_2^-/V_2^+}{1 - V_2^-/V_2^+} = Z_{02} \frac{1 + \Gamma_{23} e^{-2\gamma_2 l}}{1 - \Gamma_{23} e^{-2\gamma_2 l}} \end{aligned} \tag{7.81}$$

となる.したがって,$x = 0$ の点において,第1の線路から第2の線路の方を見たときの反射係数 Γ は,

7.10 複合線路

$$\Gamma = \frac{Z_i - Z_{01}}{Z_i + Z_{01}} = \frac{\Gamma_{12} + \Gamma_{23}e^{-2\gamma_2 l}}{1 + \Gamma_{12}\Gamma_{23}e^{-2\gamma_2 l}} \tag{7.82}$$

と表される．ただし，

$$\Gamma_{12} = \frac{Z_{02} - Z_{01}}{Z_{01} + Z_{02}} \tag{7.83}$$

であり，これはちょうど，第 1 の線路をインピーダンス Z_{02} で終端したときの反射係数に相当する．式 (7.82) を変形すると，

$$\begin{aligned}\Gamma &= \frac{\Gamma_{12}(1 + \Gamma_{12}\Gamma_{23}e^{-2\gamma_2 l}) + (1 - \Gamma_{12}^2)\Gamma_{23}e^{-2\gamma_2 l}}{1 + \Gamma_{12}\Gamma_{23}e^{-2\gamma_2 l}} \\ &= \Gamma_{12} + (1 + \Gamma_{12})\frac{\Gamma_{23}e^{-2\gamma_2 l}}{1 + \Gamma_{12}\Gamma_{23}e^{-2\gamma_2 l}}(1 - \Gamma_{12}) \end{aligned} \tag{7.84}$$

となるから，さらに右辺第 2 項の中央の因数を無限級数に展開して，

$$\begin{aligned}&\frac{\Gamma_{23}e^{-2\gamma_2 l}}{1 + \Gamma_{12}\Gamma_{23}e^{-2\gamma_2 l}} \\ &= e^{-\gamma_2 l}\Gamma_{23}e^{-\gamma_2 l} + e^{-\gamma_2 l}\Gamma_{23}e^{-\gamma_2 l}(-\Gamma_{12})e^{-\gamma_2 l}\Gamma_{23}e^{-\gamma_2 l} + \ldots \end{aligned} \tag{7.85}$$

となる．

　式 (7.84),(7.85) の各項の意味は，まず式 (7.84) の右辺第 1 項は，$x = 0$ の点での 1 次反射である．次に，式 (7.84) の右辺第 2 項について見てみると，式 (7.85) に示すようにさらに展開できるので，その中で式 (7.85) の右辺第 1 項に関わる項が意味するところは，$x = 0$ の点を右側に $1 + \Gamma_{12}$ の透過率で透過していった波が，第 2 の線路を $x = l$ の点にまで伝搬していく間に $e^{-\gamma_2 l}$ の位相変化を受けて，さらに $x = l$ の点で Γ_{23} の反射率で反射され，再び第 2 の線路を $x = 0$ の点まで戻っていく間に $e^{-\gamma_2 l}$ の位相変化を受けて，そして $x = 0$ の点では $1 - \Gamma_{12}$ の透過率で第 1 の線路側にぬけて，送電端に戻っていく 2 次反射波を表している．

　式 (7.85) の右辺第 2 項に関わる項も同様に，第 2 の線路を上記のように 1 往復した波が，$x = 0$ の点で反射 $(-\Gamma_{12})$ され，第 2 の線路を $x = l$ の点にまで伝搬していく間に $e^{-\gamma_2 l}$ の位相変化を受けて，再び $x = l$ の点で反射 (Γ_{23}) され，第 2 の線路を $x = 0$ の点まで戻っていく間に $e^{-\gamma_2 l}$ の位相変化を受けて，$x = 0$ の点では $1 - \Gamma_{12}$ の透過率で第 1 の線路側にぬけて，送電端に戻ってい

く 3 次反射波を表している．それ以下に続く項も同様であり，より高次の反射波を意味している．この様子を図 7.17(b) に示す．

c. 複合線路と縦続行列

伝送線路の中身を問題とせず，線路の両端の電圧，電流の関係のみを問題とする場合には，7.5 節で述べたように線路の行列表示を用いて扱うことができる．線路の二次定数の値がそれぞれ Z_{01}, γ_1 と Z_{02}, γ_2 であり，長さがそれぞれ l_1, l_2 の線路に対する縦続行列は，

$$\begin{bmatrix} A_1 & B_1 \\ C_1 & D_1 \end{bmatrix} = \begin{bmatrix} \cosh \gamma_1 l_1 & Z_{01} \sinh \gamma_1 l_1 \\ \frac{1}{Z_{01}} \sinh \gamma_1 l_1 & \cosh \gamma_1 l_1 \end{bmatrix}$$
$$\begin{bmatrix} A_2 & B_2 \\ C_2 & D_2 \end{bmatrix} = \begin{bmatrix} \cosh \gamma_2 l_2 & Z_{02} \sinh \gamma_2 l_2 \\ \frac{1}{Z_{02}} \sinh \gamma_2 l_2 & \cosh \gamma_2 l_2 \end{bmatrix} \quad (7.86)$$

と表せる．したがって，これらの線路を図 7.18 に示すように縦続接続した場合の複合線路の縦続行列は，

$$\begin{bmatrix} A & B \\ C & D \end{bmatrix} = \begin{bmatrix} A_1 & B_1 \\ C_1 & D_1 \end{bmatrix} \begin{bmatrix} A_2 & B_2 \\ C_2 & D_2 \end{bmatrix}$$
$$= \begin{bmatrix} \cosh \gamma_1 l_1 & Z_{01} \sinh \gamma_1 l_1 \\ \frac{1}{Z_{01}} \sinh \gamma_1 l_1 & \cosh \gamma_1 l_1 \end{bmatrix} \begin{bmatrix} \cosh \gamma_2 l_2 & Z_{02} \sinh \gamma_2 l_2 \\ \frac{1}{Z_{02}} \sinh \gamma_2 l_2 & \cosh \gamma_2 l_2 \end{bmatrix}$$
$$(7.87)$$

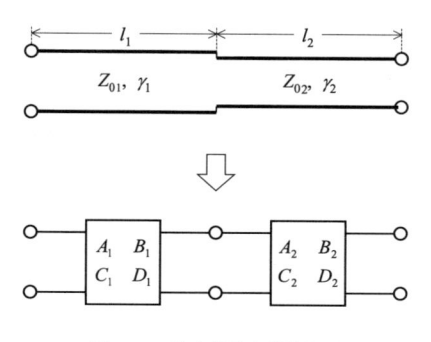

図 **7.18** 複合線路と縦続行列

で与えられる．

d. インピーダンス整合

図 7.19 に示すように，特性インピーダンスが Z_{01} および Z_{02} の 2 種類の線路の間に，特性インピーダンス Z_0，伝搬定数 $\gamma_0 = j\beta_0$，長さ l の無損失線路を挿入し，Z_{01} の線路との接続点から Z_0 の線路の方を見たインピーダンスを Z_1，Z_{02} の線路との接続点から Z_0 の線路の方を見たインピーダンスを Z_2 とすれば，

$$Z_1 = Z_0 \frac{Z_{02} + Z_0 j \tan \beta_0 l}{Z_{02} j \tan \beta_0 l + Z_0}$$
$$Z_2 = Z_0 \frac{Z_{01} + Z_0 j \tan \beta_0 l}{Z_{01} j \tan \beta_0 l + Z_0} \tag{7.88}$$

となる．ここで，$l = \lambda/4$ であるように長さ l を定めれば，$\beta l = (2\pi/\lambda)(\lambda/4) = \pi/2$ であるから，上式に用いて，

$$Z_1 = \frac{Z_0^2}{Z_{02}}, \quad Z_2 = \frac{Z_0^2}{Z_{01}} \tag{7.89}$$

となり，$Z_0^2 = Z_{01} Z_{02}$ のとき $Z_1 = Z_{01}, Z_2 = Z_{02}$ となる．したがって，特性インピーダンスの異なる 2 種類の線路 (Z_{01}, Z_{02}) の間に，特性インピーダンスの値が $Z_0 = \sqrt{Z_{01} Z_{02}}$ であってその長さが 1/4 波長の線路を挿入すると，異なる線路間でインピーダンス整合がなされ，反射がなくなる．

このように 1/4 波長の長さの線路を用いたインピーダンス整合は，電波や光の分野においても広く応用され，ガラスやレンズの無反射コーティングなどはその例である．

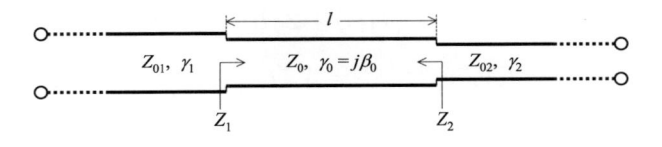

図 7.19 インピーダンス整合

7.11 無損失線路上での電圧,電流

a. 線路の伝送式

$R = G = 0$ の無損失線路では $\alpha = 0$ より,$\gamma = j\beta$ となり,送電端を $x = 0$,受電端を $x = l$ として,線路上の任意の位置 x における電圧,電流は式 (7.41) および双曲線関数の公式

$$\cosh jx = \cos x, \quad \sinh jx = j \sin x$$

より,

$$\begin{aligned} V_x &= V_l \cos\beta(l-x) - jZ_0 I_l \sin\beta(l-x) \\ I_x &= -j\frac{V_l}{Z_0}\sin\beta(l-x) + I_l \cos\beta(l-x) \end{aligned} \tag{7.90}$$

で与えられる.ただし,V_l, I_l は受電端の電圧,電流である.また同様に,入射波と反射波成分で表せば式 (7.39) より,

$$\begin{aligned} V_x &= \frac{1}{2}(V_l + Z_0 I_l)e^{j\beta(l-x)} + \frac{1}{2}(V_l - Z_0 I_l)e^{-j\beta(l-x)} \\ I_x &= \frac{1}{2Z_0}(V_l + Z_0 I_l)e^{j\beta(l-x)} - \frac{1}{2Z_0}(V_l - Z_0 I_l)e^{-j\beta(l-x)} \end{aligned} \tag{7.91}$$

となる.ここで,右辺第1項が入射波,第2項が反射波を表している.上式を受電端における反射係数 (式 (7.51) 参照)

$$\Gamma_l = \frac{V_l - Z_0 I_l}{V_l + Z_0 I_l} \tag{7.92}$$

によって表せば,

$$\begin{aligned} V_x &= \frac{1}{2}(V_l + Z_0 I_l)e^{j\beta(l-x)} + \frac{1}{2}\Gamma_l(V_l + Z_0 I_l)e^{-j\beta(l-x)} \\ &= V_l^+ e^{j\beta(l-x)} + \Gamma_l V_l^+ e^{-j\beta(l-x)} = V_l^+ e^{j\beta(l-x)}\left\{1 + \Gamma_l e^{-j2\beta(l-x)}\right\} \\ &= V_x^+ \left\{1 + \Gamma_l e^{-j2\beta(l-x)}\right\} \end{aligned} \tag{7.93}$$

$$I_x = \frac{V_l^+}{Z_0} e^{j\beta(l-x)}\left\{1 - \Gamma_l e^{-j2\beta(l-x)}\right\} = \frac{V_x^+}{Z_0}\left\{1 - \Gamma_l e^{-j2\beta(l-x)}\right\} \tag{7.94}$$

となる．ここで，式 (7.50) および $V_l^+ = V_x^+ e^{-j\beta(l-x)}$ の関係を用いた．また，線路上の位置 x における反射係数は，

$$\Gamma_x = \frac{V_x^-}{V_x^+} = \frac{(V_l - Z_0 I_l)e^{-j\beta(l-x)}}{(V_l + Z_0 I_l)e^{j\beta(l-x)}} = \Gamma_l e^{-j2\beta(l-x)} \quad (7.95)$$

で与えられる．

b. 線路上の電圧，電流の円線図

受電端の反射係数 Γ_l を，その絶対値 $|\Gamma_l|$，偏角 θ の極形式で表して，$\Gamma_l = |\Gamma_l|e^{j\theta}$ とすると式 (7.93), (7.94) は，

$$\begin{aligned} V_x &= V_x^+ \left\{ 1 + |\Gamma_l| e^{-j2\beta(l-x)+j\theta} \right\} \\ Z_0 I_x &= V_x^+ \left\{ 1 - |\Gamma_l| e^{-j2\beta(l-x)+j\theta} \right\} \end{aligned} \quad (7.96)$$

と表せる．括弧の中の第 1 項は入射波，第 2 項は反射波を表しており，これらは共に入射電圧波 V_x^+ によって規格化されている．この V_x と $Z_0 I_x$ とを，入射電圧波 V_x^+ を基準フェーザ OA にとって作図してみると，図 7.20 に示すように，A を中心とした半径 $V_x^+ |\Gamma_l|$ の円 (ここで $|\Gamma_l| \leq 1$) を描き，この円周上の点 B に向かうフェーザ AB が反射電圧波を表すとすると，円周上の B 点と反対の位置にある B' 点に向かうフェーザ AB' が反射電流波 (に Z_0 を乗じたもの) を表す．したがって OB が V_x を，OB' が $Z_0 I_x$ を与える．観測位置を送電端の方にシフトさせて x を小さくしていくと，B と B' は図の円周上を時計回りの方向に移動する．特に B が C に一致し，B' が D に一致とたとき，お

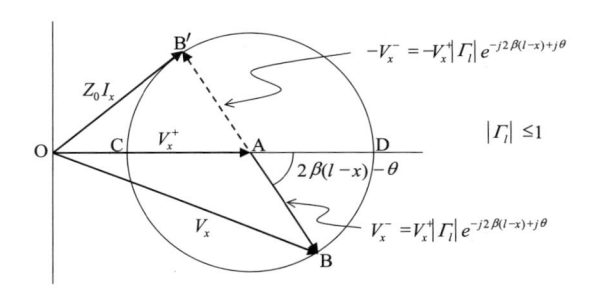

図 **7.20** 線路上の電圧，電流の円線図

よび B が D に一致し，B′ が C に一致したときは，OB($=V_x$) と OB′($=Z_0 I_x$) が同相になるから，そのような OB, OB′ に対応する観測点 x から，受電端の方を見たインピーダンスは純抵抗になる．それに対して，V_x が $Z_0 I_x$ に対して位相が進んでいる場合 (B 点が円の上半分に位置する場合)，インピーダンスは誘導性，その逆に遅れている場合 (B 点が円の下半分に位置する場合) は容量性である．したがって，図 7.20 に示す電圧，電流の関係を与える線路上の位置 x から，受電端の方を見たインピーダンスは容量性である．

ところで，電圧と電流が同相となる場合において，OD は OB, OB′ の最大値を，OC はそれらの最小値を与えるから，B が C に一致し，B′ が D に一致するときは図 7.21(a) に示すように，

$$V_x = \mathrm{OC} = V_{\min}, \quad Z_0 I_x = \mathrm{OD} = Z_0 I_{\max}$$
$$Z_x = \frac{V_x}{I_x} = \frac{V_{\min}}{I_{\max}} = R_{\min} \tag{7.97}$$

となる．一方，B が D に一致し，B′ が C に一致するときは図 7.21(b) に示すように，

$$V_x = \mathrm{OD} = V_{\max}, \quad Z_0 I_x = \mathrm{OC} = Z_0 I_{\min}$$
$$Z_x = \frac{V_{\max}}{I_{\min}} = R_{\max} \tag{7.98}$$

である．ここで $R_{\min}, R_{\max}$ は純抵抗を表し，実数である．また上式で $R_{\max}$ と $R_{\min}$ の関係は，

(a) $Z_x = \dfrac{V_x}{I_x} = \dfrac{V_{\min}}{I_{\max}} = R_{\min}$ (b) $Z_x = \dfrac{V_x}{I_x} = \dfrac{V_{\max}}{I_{\min}} = R_{\max}$

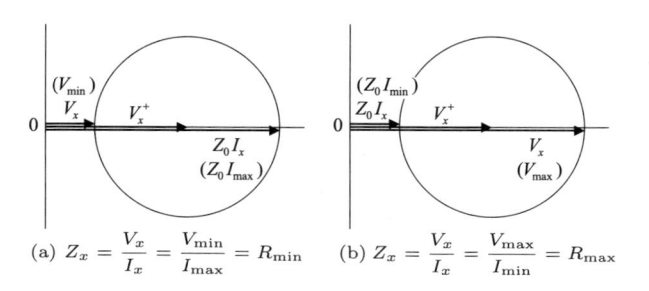

図 7.21 電圧，電流が同相の場合

7.11 無損失線路上での電圧, 電流

$$R_{\min}R_{\max} = \frac{V_{\min}}{I_{\max}} \cdot \frac{V_{\max}}{I_{\min}} = \frac{Z_0 I_{\min}}{I_{\max}} \cdot \frac{Z_0 I_{\max}}{I_{\min}} = Z_0^2 \tag{7.99}$$

で与えられる.

線路上の 2 点 x_1 と x_2 における電圧 V_{x_1}, V_{x_2} が図 7.22(a) に示すように, 円周上でちょうど反対の位置にくるような場合, 2 点間の位相差 $\Delta\theta = 2\beta(x_2 - x_1)$ は π であるから, $2\beta(x_2 - x_1) = \pi$ より,

$$x_2 - x_1 = \frac{\pi}{2\beta} = \frac{\pi}{2}\frac{\lambda}{2\pi} = \frac{\lambda}{4} \tag{7.100}$$

となり, 2 点間の距離は $\lambda/4$ である. つまり, 線路上の電圧 V_x は図 7.22(b) に示すように, $\lambda/4$ 間隔ごとに x_1, x_2 の位置と等価な関係となる. 一方の電流 I_x は電圧と逆の関係となり, やはり $\lambda/4$ 間隔ごとに x_1, x_2 の位置と等価な関係を繰り返す. したがって図 7.22(a) より,

$$\frac{V_{x_1}}{Z_0 I_{x_1}} = \frac{Z_0 I_{x_2}}{V_{x_2}} \tag{7.101}$$

が得られ,

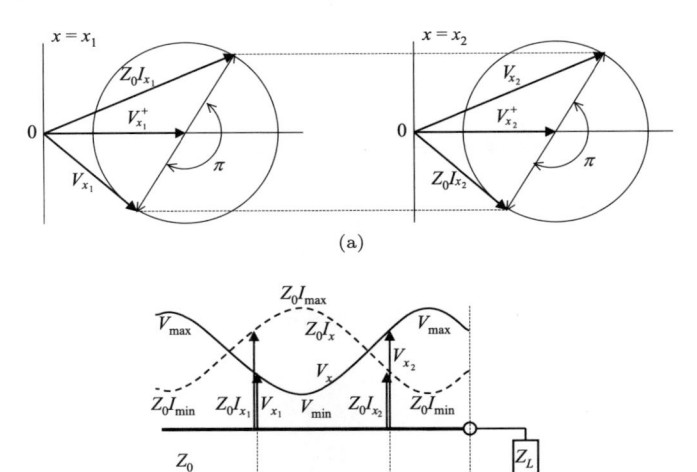

図 **7.22** 2 点間の電圧, 電流の関係

$$\frac{Z_{x_1}}{Z_0} = \frac{Z_0}{Z_{x_2}} \tag{7.102}$$

の関係が得られる．ここで Z_{x_1}, Z_{x_2} はそれぞれ，線路上で $\lambda/4$ 離れた位置 x_1, x_2 から受電端の方を見たインピーダンスである．すなわち，$\lambda/4$ だけ離れたそれぞれの点から受電端の方を見た 2 つのインピーダンスは互いに逆回路の関係にあり，式 (7.99) も上式の関係に含まれる．

線路上で $\lambda/4$ だけ離れた 2 点の反射係数 $\Gamma_{x_1}, \Gamma_{x_2}$ の間には，

$$\Gamma_{x_1} = \frac{Z_{x_1} - Z_0}{Z_{x_1} + Z_0} = \frac{(Z_0^2/Z_{x_2}) - Z_0}{(Z_0^2/Z_{x_2}) + Z_0} = \frac{Z_0 - Z_{x_1}}{Z_0 + Z_{x_1}} = -\Gamma_{x_2} \tag{7.103}$$

の関係が成り立ち，符号が反対になる．

[例題 7.1] 特性インピーダンスの値が Z_0 の無損失線路の受電端に，負荷インピーダンス Z_L の値がそれぞれ，$Z_L = Z_0$ および $Z_L = jX$ の負荷が接続されたときの線路上の電圧，電流の円線図を図示せよ．

[解] $Z_L = Z_0$ の場合は，受電端において無反射 $|\Gamma_l| = 0$ となり，円線図は図 7.23(a) に示すように半径 0 の円となる．一方 $Z_L = jX$ の場合は，全反射 $|\Gamma_l| = 1$ となり，円線図は図 7.23(b) に示すように，原点に接する円となる．

(a) $Z_L = Z_0(|\Gamma_l| = 0)$ の場合 (b) $Z_L = jX(|\Gamma_l| = 1)$ の場合

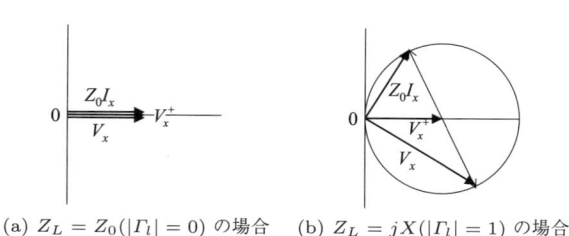

図 **7.23** 無反射および全反射の場合の円線図

c. 定在波比

無損失線路の受電端に任意の負荷を接続すると，線路上の位置 x における電圧 V_x は図 7.22 に示すように，その位置における入射波 V_x^+ と反射波 V_x^- の位相が等しく同相のときに最大値 $V_{\max}$ を示し，反対に，V_x^+ と V_x^- が逆相になるとき最小値 $V_{\min}$ を示す．この $V_{\max}$ と $V_{\min}$ が現れる位置をそれぞれ $x_{\max}$ と $x_{\min}$ とすれば，隣り合う $x_{\max}$ と $x_{\min}$ の間隔は $\lambda/4$ である．すなわ

7.11 無損失線路上での電圧, 電流

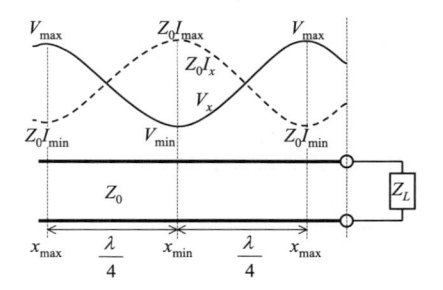

図 7.24 定在波比

ち, $V_{\max}$ と $V_{\min}$ は図 7.24 に示すように $\lambda/4$ ごとに交互に現れる. また電流については $V_{\max}$ の現れる位置で $I_{\min}$ となり, $V_{\min}$ の現れる位置で $I_{\max}$ となる. $V_{\max}/V_{\min}$ あるいは $I_{\max}/I_{\min}$ を**定在波比**と呼び, SWR で表すこととする. すなわち,

$$\text{SWR} = \frac{V_{\max}}{V_{\min}} = \frac{I_{\max}}{I_{\min}} \quad (7.104)$$

である. また, 定在波比 SWR と反射係数 Γ_l との関係は, 線路が無損失であるとして,

$$\text{SWR} = \frac{V_{\max}}{V_{\min}} = \frac{|V_x^+| + |V_x^-|}{|V_x^+| - |V_x^-|} = \frac{1 + |V_l^-/V_l^+|}{1 - |V_l^-/V_l^+|} = \frac{1 + |\Gamma_l|}{1 - |\Gamma_l|} \quad (7.105)$$

と表わされる. したがって, $1 \leq \text{SWR} \leq \infty$ であり, 特に無反射 $|\Gamma_l| = 0$ のとき SWR $= 1$, 全反射 $|\Gamma_l| = 1$ のとき SWR $= \infty$ である.

[例題 7.2] 図 7.25 に示すように, 特性インピーダンス Z_0 と位相定数 β の値が既知の無損失線路の受電端に, 未知の負荷インピーダンス Z を接続した. この線路上での SWR の値の測定から Z を求める方法について述べよ.

[解] 線路上の点 x より負荷の方を見たインピーダンスは, 式 (7.90) および $V_l/I_l = Z$ の関係より,

$$Z_x = \frac{V_x}{I_x} = Z_0 \frac{Z - jZ_0 \tan \beta(l-x)}{-jZ \tan \beta(l-x) + Z_0} \quad (7.106)$$

で与えられる. ここで, 負荷に最も近くて電圧が最大値 $V_{\max}$ となる (したがって電流は最小値 $I_{\min}$ となる) 点を $x_{\max}$ とすれば上式から,

$$\frac{V_{\max}}{I_{\min}} = \frac{Z_0 I_{\max}}{I_{\min}} = Z_0 \text{ SWR} = Z_0 \frac{Z - jZ_0 \tan \beta(l - x_{\max})}{-jZ \tan \beta(l - x_{\max}) + Z_0} \quad (7.107)$$

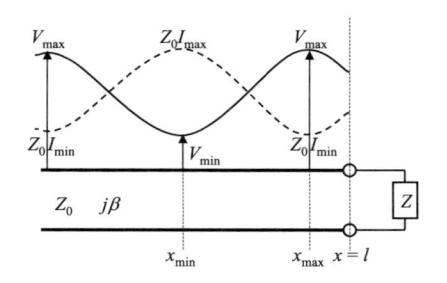

図 7.25 定在波によるインピーダンス測定

が成り立つ．上式を Z について解けば，

$$Z = Z_0 \frac{\text{SWR} + j\tan\beta(l - x_{\max})}{1 + j\,\text{SWR}\tan\beta(l - x_{\max})} \qquad (7.108)$$

となるから，線路上で電圧が最大となる位置と SWR の値から，Z が求まる．

同様に，負荷に最も近くて電圧が最小値 $V_{\min}$ となる（したがって電流は最大値 $I_{\max}$ となる）点 $x_{\min}$ から，下式により求めることもできる．

$$Z = Z_0 \frac{1 + j\,\text{SWR}\tan\beta(l - x_{\min})}{\text{SWR} + j\tan\beta(l - x_{\min})} \qquad (7.109)$$

このような測定法は，マイクロ波回路などで実際に用いられている．

演 習 問 題

7.1 特性インピーダンス Z_0，伝搬定数 γ，長さ l なる線路の受電端に負荷 Z_L を接続し，送電端に電流源 I_s を接続した．受電端からの距離 x の点における電圧，電流を求めよ．

7.2 特性インピーダンス $Z_0 = 300\,[\Omega]$ の無損失線路が，負荷インピーダンス Z_L で終端されている．負荷から 1/4 波長離れた点から負荷を見たインピーダンス Z を測定したところ，$Z = 200 + j150\,[\Omega]$ であった．Z_L はいくらか．

7.3 周波数 50 Hz の電力送電線において受電端を開放状態にすると，送電端よりも 5% 高い電圧が表れた．この送電線の長さはいくらか．ただし，送電線は無損失で，送電線を電力が伝わる速さは光速度にほぼ等しいとする（フェランチ効果の例）．

7.4 全長 l [km] の送電線の受電端を短絡し，送電端よりインピーダンスを測定したら jx [Ω] であった．また，受電端を開放して送電端よりアドミタンスを測定したら jb [S] であった．送電線 1 km 当たりのリアクタンスおよび容量サセプタンスを求めよ．なお，簡単のために送電線は無損失とする．

演習問題解答

第 5 章

5.1 まず，E のみがある場合は図 (a) に示すような回路となり，抵抗 R_4 に流れる電流 I_4' を求めると，

$$I_4' = \frac{E}{R_4 + \frac{R_2(R_1+R_3)}{R_2+(R_1+R_3)}} = \frac{(R_1+R_2+R_3)E}{R_2R_4 + (R_1+R_3)R_4 + R_2(R_1+R_3)} \tag{A.1}$$

となる．次に J のみがある場合は図 (b) に示すような回路となり，抵抗 R_4 に流れる電流 I_4'' を求めると，

$$\begin{aligned}I_4'' &= \frac{R_1}{R_1 + \left(R_3 + \frac{R_2R_4}{R_2+R_4}\right)} \cdot \frac{R_2}{R_2+R_4} \cdot J \\ &= \frac{R_1R_2(R_2+R_4)}{(R_1+R_3)(R_2+R_4) + R_2R_4} \cdot \frac{J}{R_2+R_4}\end{aligned} \tag{A.2}$$

したがって，元の回路において抵抗 R_4 を流れる電流 I_4 は，重ね合わせの理より，

$$I_4 = I_4' + I_4'' = \frac{(R_1+R_2+R_3)E + R_1R_2J}{R_1R_2 + R_1R_4 + R_2R_3 + R_2R_4 + R_3R_4} \tag{A.3}$$

となる．

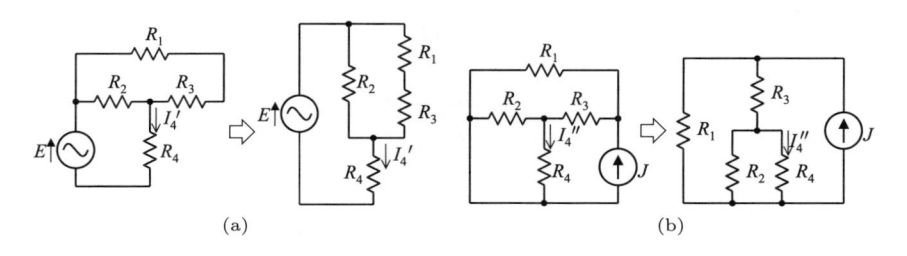

5.2 Z_2 に加える電圧を $|E_2'|$ とすると，相反定理より，

$$|E_1||I_1'| = |E_2'||I_2| \tag{A.4}$$

となり，したがって，

$$|E_2'| = \frac{|E_1||I_1'|}{|I_2|} = \frac{100 \times 3}{5} = 60 \ [\mathrm{V}] \tag{A.5}$$

と求まる．

5.3 等価電源の定理を用いれば，点線で囲まれた部分は図 (a) に示すように等価変換できる．したがって，等価な電流源は図 (b) に示すように求まる．さらに，図 (c) に示すように端子 A–B 間に抵抗 R_3 を繋いだときに流れる電流 I_3 は，

$$\begin{aligned}
I_3 &= \frac{\frac{R_1 R_2}{R_1 + R_2}}{\frac{R_1 R_2}{R_1 + R_2} + R_3} \left(\frac{E_1}{R_1} + \frac{E_2}{R_2} \right) = \frac{R_1 R_2}{R_1 R_2 + (R_1 + R_2) R_3} \cdot \frac{R_2 E_1 + R_1 E_2}{R_1 R_2} \\
&= \frac{R_2 E_1 + R_1 E_2}{R_1 R_2 + R_1 R_3 + R_2 R_3}
\end{aligned} \tag{A.6}$$

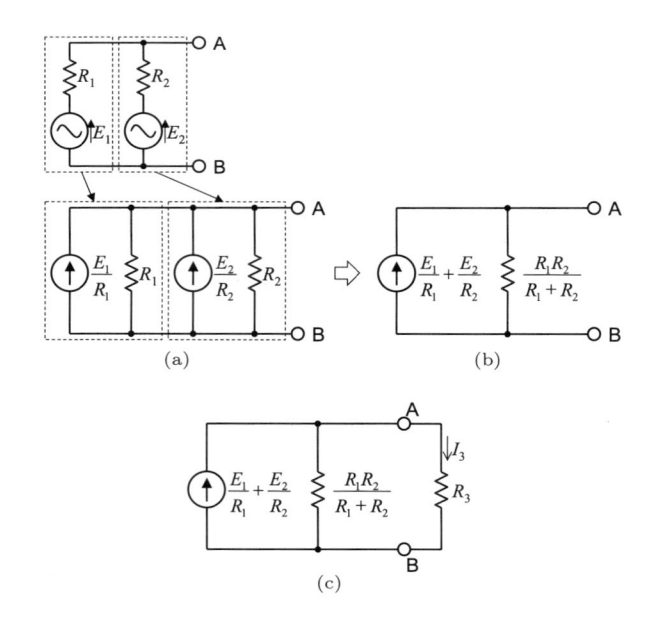

となる．

5.4 テブナンの定理より，

$$I = \frac{E}{Z_0 + Z} \tag{A.7}$$

したがって，

$$\begin{aligned}
Z &= \frac{E}{I} - Z_0 = \frac{100}{3 + j4} - (8 + j14) = 12 - j16 - (8 + j14) \\
&= 4 - j30 \ [\Omega]
\end{aligned} \tag{A.8}$$

第 6 章

6.1 二端子対回路において図 (a) に示すように，端子 q–q′ を短絡し，端子 p–p′ に電圧源 E_p を接続した場合，端子 q–q′ に電流 I_q が流れたとする．このとき，二端子対回路を Z パラメータで表せば，次の関係が成り立つ．

$$\begin{bmatrix} E_p \\ 0 \end{bmatrix} = \begin{bmatrix} z_{11} & z_{12} \\ z_{21} & z_{22} \end{bmatrix} \begin{bmatrix} I_1 \\ -I_q \end{bmatrix} \quad (A.9)$$

端子 p–p′ を短絡し，端子 q–q′ に電圧源 E_q' を接続した場合 (図 (b))，端子 p–p′ に電流 I_p' が流れたとすると，次の関係が成り立つ．

$$\begin{bmatrix} 0 \\ E_q' \end{bmatrix} = \begin{bmatrix} z_{11} & z_{12} \\ z_{21} & z_{22} \end{bmatrix} \begin{bmatrix} -I_p' \\ I_2' \end{bmatrix} \quad (A.10)$$

ここで，回路が相反ならば相反定理より，$E_p I_p' = E_q' I_q$ の関係が成り立つ．この関係式に，式 (A.9) から得られる E_p に関する関係式と式 (A.10) から得られる E_q' に関する関係式を代入すると，

$$(z_{11} I_1 - z_{12} I_q) I_p' = (z_{22} I_2' - z_{21} I_p') I_q \quad (A.11)$$

となり，さらに上式に，式 (A.9) から得られる I_1 に関する関係式と式 (A.10) から得られる I_2' に関する関係式を代入すると，

$$\left(\frac{z_{11} z_{22}}{z_{21}} I_q - z_{12} I_q \right) I_p' = \left(\frac{z_{11} z_{22}}{z_{12}} I_p' - z_{21} I_p' \right) I_q \quad (A.12)$$

が得られる．したがって，この関係が任意の電流 I_q, I_p' に対して成り立つためには，

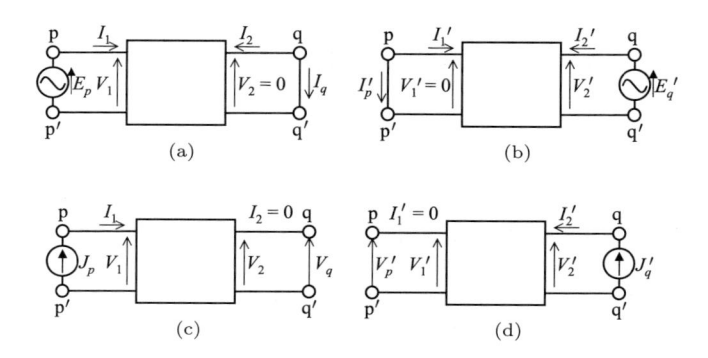

$$(z_{11}z_{22} - z_{12}z_{21})(z_{12} - z_{21}) = 0 \tag{A.13}$$

の関係式が成り立たなければならないから，結局上式左辺の最初の括弧内が 0 であるか，あるいは 2 番目の括弧内が 0 でなければならない．最初の括弧内が 0 である場合は，Z 行列に関する行列式 $|Z| = z_{11}z_{22} - z_{12}z_{21}$ が 0 ということであり，この関係を式 (A.9) に代入してみれば分かるようにこの場合 Z 行列は意味をなさなくなる．したがって，$z_{12} = z_{21}$ の関係が成り立つ必要がある．

次に図 (c) に示すように，二端子対回路において端子 q–q′ を開放し，端子 p–p′ に電流源 J_p を接続した場合，端子 q–q′ に電圧 V_q が流れたとする．このとき，二端子対回路を Y パラメータで表せば，次の関係が成り立つ．

$$\begin{bmatrix} J_p \\ 0 \end{bmatrix} = \begin{bmatrix} y_{11} & y_{12} \\ y_{21} & y_{22} \end{bmatrix} \begin{bmatrix} V_1 \\ V_q \end{bmatrix} \tag{A.14}$$

端子 p–p′ を開放し，端子 q–q′ に電流源 J'_q を接続した場合 (図 (d))，端子 p–p′ に電圧 V'_p が流れたとすると，次の関係が成り立つ．

$$\begin{bmatrix} 0 \\ J'_q \end{bmatrix} = \begin{bmatrix} y_{11} & y_{12} \\ y_{21} & y_{22} \end{bmatrix} \begin{bmatrix} V'_p \\ V'_2 \end{bmatrix} \tag{A.15}$$

ここで，回路が相反ならば相反定理より，$J_p V'_p = J'_q V_q$ の関係が成り立つ．この関係式に，式 (A.14) から得られる J_p に関する関係式と式 (A.15) から得られる J'_q に関する関係式を代入すると，

$$(y_{11}V_1 + y_{12}V_q)V'_p = (y_{22}V'_2 + y_{21}V'_p)V_q \tag{A.16}$$

となり，さらに上式に，式 (A.14) から得られる V_1 に関する関係式と式 (A.15) から得られる V'_2 に関する関係式を代入すると，

$$\left(y_{12}V_q - \frac{y_{11}y_{22}}{y_{21}}V_q \right) V'_p = \left(y_{21}V'_p - \frac{y_{11}y_{22}}{y_{12}}V'_p \right) V_q \tag{A.17}$$

が得られる．したがって，この関係が任意の電流 V_q, V'_p に対して成り立つためには，

$$(y_{11}y_{22} - y_{12}y_{21})(y_{12} - y_{21}) = 0 \tag{A.18}$$

の関係式が成り立たなければならないから，結局上式左辺の最初の括弧内が 0 であるか，あるいは 2 番目の括弧内が 0 でなければならない．最初の括弧内が 0 である場合は，Y 行列に関する行列式 $|Y| = y_{11}y_{22} - y_{12}y_{21}$ が 0 ということであり，この関係を式 (A.14) に代入してみれば分かるようにこの場合 Y 行列は意味をなさなくなる．したがって，$y_{12} = y_{21}$ の関係が成り立つ必要がある．

6.2 図 (a) に示す二端子対回路の入出力を逆にした図 (b) に示す回路に対する Z パラメータを求めてみる．入出力を逆にすることにより，入出力端電圧，入出力端電流がそれぞれ入れ替わるので，

$$\begin{bmatrix} V_1' \\ V_2' \end{bmatrix} = \begin{bmatrix} V_2 \\ V_1 \end{bmatrix} = \begin{bmatrix} z_{22} & z_{21} \\ z_{12} & z_{11} \end{bmatrix} \begin{bmatrix} I_2 \\ I_1 \end{bmatrix} = \begin{bmatrix} z_{22} & z_{21} \\ z_{12} & z_{11} \end{bmatrix} \begin{bmatrix} I_1' \\ I_2' \end{bmatrix} \quad (A.19)$$

より，

$$\begin{bmatrix} z_{22} & z_{21} \\ z_{12} & z_{11} \end{bmatrix} \quad (A.20)$$

が，元の回路の入出力を逆にした回路に対する Z パラメータを与える．したがって，回路が対称である，すなわち入出力を逆にしても Z パラメータが等しくなるためには，$z_{11} = z_{22}$ の関係があればよい．

次に，Y パラメータについても考えてみる．入出力を逆にすることにより，入出力端電圧，入出力端電流がそれぞれ入れ替わるので，

$$\begin{bmatrix} I_1' \\ I_2' \end{bmatrix} = \begin{bmatrix} I_2 \\ I_1 \end{bmatrix} = \begin{bmatrix} y_{22} & y_{21} \\ y_{12} & y_{11} \end{bmatrix} \begin{bmatrix} V_2 \\ V_1 \end{bmatrix} = \begin{bmatrix} y_{22} & y_{21} \\ y_{12} & y_{11} \end{bmatrix} \begin{bmatrix} V_1' \\ V_2' \end{bmatrix} \quad (A.21)$$

より，

$$\begin{bmatrix} y_{22} & y_{21} \\ y_{12} & y_{11} \end{bmatrix} \quad (A.22)$$

が，元の回路の入出力を逆にした回路に対する Y パラメータを与える．したがって，回路が対称である，すなわち入出力を逆にしても Y パラメータが等しくなるためには，$y_{11} = y_{22}$ の関係があればよい．

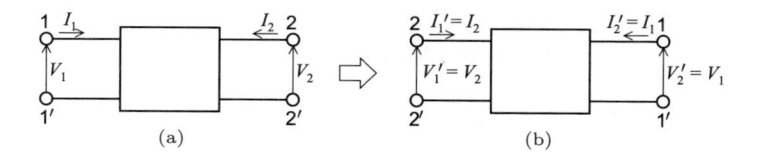

6.3 二端子対回路において図 (a) に示すように，端子 q–q' を短絡し，端子 p–p' に電圧源 E_p を接続した場合，端子 q–q' に電流 I_q が流れたとする．このとき，二端子対回路を F パラメータで表せば，次の関係が成り立つ．

$$\begin{bmatrix} E_p \\ I_1 \end{bmatrix} = \begin{bmatrix} A & B \\ C & D \end{bmatrix} \begin{bmatrix} 0 \\ -I_q \end{bmatrix} \quad (A.23)$$

次に端子 p–p' を短絡し，端子 q–q' に電圧源 E_q' を接続した場合，端子 p–p' に

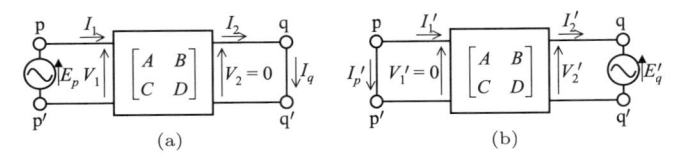

電流 I_p' が流れたとすると,次の関係が成り立つ.

$$\begin{bmatrix} 0 \\ -I_p' \end{bmatrix} = \begin{bmatrix} A & B \\ C & D \end{bmatrix} \begin{bmatrix} E_q' \\ I_2' \end{bmatrix} \tag{A.24}$$

ここで,回路が相反ならば相反定理より,$E_p I_p' = E_q' I_q$ の関係が成り立つ.この関係式に,式 (A.23) から得られる E_p に関する関係式を代入すると,

$$B I_p' = E_q' \tag{A.25}$$

となり,さらに上式に,式 (A.24) から得られる I_p' に関する関係式を代入すると,$AD - BC = 1$ の関係が得られる.

6.4 四端子定数の定義は,

$$A = \left.\frac{V_1}{V_2}\right|_{I_2=0}, \quad B = \left.\frac{V_1}{I_2}\right|_{V_2=0}, \quad C = \left.\frac{I_1}{V_2}\right|_{I_2=0}, \quad D = \left.\frac{I_1}{I_2}\right|_{V_2=0} \tag{A.26}$$

であるので,端子 2–2′ を解放 ($I_2 = 0$) にして,端子 1–1′ 間に電圧 $E_1 = 10$ [V] を加えたとき,端子 2–2′ 間の電圧は $E_2 = 4$ [V] であったのだから,

$$A = \left.\frac{E_1}{E_2}\right|_{I_2=0} = \frac{10}{4} = 2.5 \tag{A.27}$$

である.端子 2–2′ が解放 ($I_2 = 0$) 状態で,端子 1–1′ 間に電流 $I_1 = 0.5$ [A] が流れているとき,端子 2–2′ 間の電圧は $E_2 = 4$ [V] であったのだから,

$$C = \left.\frac{I_1}{E_2}\right|_{I_2=0} = \frac{0.5}{4} = 0.125 \text{ [S]} \tag{A.28}$$

である.入力側をそのまま,つまり端子 1–1′ 間に電圧 $E_1 = 10$ [V] を加えた状態で,端子 2–2′ 間を短絡 ($V_2 = 0$) したところ,電流 $I_2 = 0.2$ [A] が流れたのだから,

$$B = \left.\frac{E_1}{I_2}\right|_{V_2=0} = \frac{10}{0.2} = 50 \text{ [Ω]} \tag{A.29}$$

D は,$AD - BC = 1$ の関係より求まって,

$$D = \frac{1 + BC}{A} = \frac{1 + 0.125 \times 50}{2.5} = 2.9 \tag{A.30}$$

となる.

6.5 図のように，π 型回路と T 型回路の並列接続と考えると，

$$Y_\pi = \begin{bmatrix} \frac{1}{Z_1} + \frac{1}{Z_2} & \frac{-1}{Z_2} \\ \frac{-1}{Z_2} & \frac{1}{Z_2} + \frac{1}{Z_3} \end{bmatrix} \tag{A.31}$$

$$Y_\mathrm{T} = \frac{1}{Z_4 Z_5 + Z_5 Z_6 + Z_6 Z_4} \begin{bmatrix} Z_5 + Z_6 & -Z_5 \\ -Z_5 & Z_4 + Z_5 \end{bmatrix} \tag{A.32}$$

したがって Y パラメータは，

$$\begin{aligned} Y_{11} &= \frac{1}{Z_1} + \frac{1}{Z_2} + \frac{Z_5 + Z_6}{Z_4 Z_5 + Z_5 Z_6 + Z_6 Z_4} \\ Y_{12} &= Y_{21} = \frac{-1}{Z_2} - \frac{Z_5}{Z_4 Z_5 + Z_5 Z_6 + Z_6 Z_4} \\ Y_{22} &= \frac{1}{Z_2} + \frac{1}{Z_3} + \frac{Z_4 + Z_5}{Z_4 Z_5 + Z_5 Z_6 + Z_6 Z_4} \end{aligned} \tag{A.33}$$

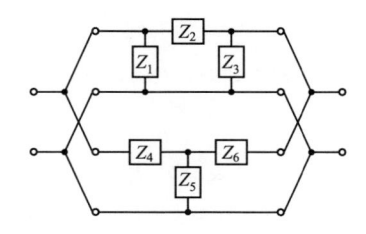

6.6 各辺の抵抗値が R からなる接続を Y 接続に変換すると，一辺の抵抗値は，$\frac{R^2}{3R} = \frac{R}{3}$ となる．したがって，上記のような等価回路となり，A–B 間の合成抵抗は，

$$\frac{R}{3} + \frac{\frac{2R}{3} \cdot \frac{4R}{3}}{\frac{2R}{3} + \frac{4R}{3}} + \frac{R}{3} = \frac{10}{9} R \tag{A.34}$$

となる．

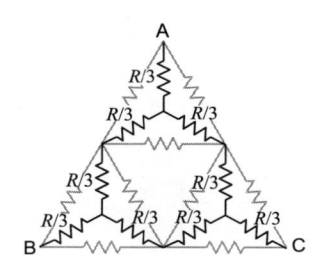

6.7 左の図の回路に対する F 行列は,

$$\begin{bmatrix} 1 & Z \\ 0 & 1 \end{bmatrix} \begin{bmatrix} \frac{1}{n} & 0 \\ 0 & n \end{bmatrix} = \begin{bmatrix} \frac{1}{n} & nZ \\ 0 & n \end{bmatrix} \tag{A.35}$$

一方,右の回路に対する F 行列は,

$$\begin{bmatrix} 1 + \frac{Z_2}{Z_3} & Z_2 \\ \frac{Z_1 + Z_2 + Z_3}{Z_1 Z_3} & 1 + \frac{Z_2}{Z_1} \end{bmatrix} \tag{A.36}$$

両行列の要素を比較することによって,

$$Z_1 = \frac{nZ}{n-1}, \quad Z_2 = nZ, \quad Z_3 = \frac{n^2 Z}{1-n} \tag{A.37}$$

6.8 二端子対回路の両端の電圧,電流を図のように定義すると,

$$V_1 = z_{11} I_1 + z_{12} I_2 \tag{A.38}$$

$$V_2 = z_{21} I_1 + z_{22} I_2 \tag{A.39}$$

の関係が成り立つ.電圧源 E を短絡した場合の出力インピーダンス (V_2/I_2) を求めれば,それが求める等価電源の内部インピーダンス Z_0 に等しい.$E = 0$ においては,

$$V_1 = -Z_G I_1 \tag{A.40}$$

の関係が成り立つので,式 (A.40) を式 (A.38) に代入して,

$$(z_{11} + Z_G) I_1 + z_{12} I_2 = 0 \tag{A.41}$$

式 (A.39) と式 (A.41) より I_1 を消去すると,

$$V_2 = \left(\frac{-z_{12} z_{21}}{z_{11} + Z_G} + z_{22} \right) I_2 \tag{A.42}$$

となり,したがって出力インピーダンスは,

$$Z_{\text{out}} = \frac{V_2}{I_2} = \frac{-z_{12} z_{21}}{z_{11} + Z_G} + z_{22} \tag{A.43}$$

となり,これが求める等価電源の内部インピーダンス Z_0 に相当する.一方,等

価電圧源における E_0 の値は，与えられた回路において，出力開放 ($I_2 = 0$) 時における V_2 に相当する．二端子対回路の出力開放 ($I_2 = 0$) 時における V_1, V_2 は，

$$V_1 = z_{11}I_1 \tag{A.44}$$

$$V_2 = z_{21}I_1 \tag{A.45}$$

となり，二端子対回路の入力側において，

$$E = Z_G I_1 + V_1 \tag{A.46}$$

これを式 (A.44) に代入して V_1 を消去し，さらに式 (A.45) とで I_1 を消去すると，

$$V_2 = \frac{z_{21}}{Z_G + z_{11}} E \tag{A.47}$$

となる．これが求める等価電源の E_0 に相当する．

6.9 二端子対回路の両端の電圧，電流を図のように定義すると，

$$I_1 = y_{11}V_1 + y_{12}V_2 \tag{A.48}$$

$$I_2 = y_{21}V_1 + y_{22}V_2 \tag{A.49}$$

の関係が成り立つ．電流源 J を開放した場合の出力アドミタンス (I_2/V_2) を求めれば，それが求める等価電源の内部アドミタンス Y_0 に等しい．$J = 0$ においては，

$$I_1 = -Y_G V_1 \tag{A.50}$$

の関係が成り立つので，式 (A.50) を式 (A.48) に代入して，

$$(y_{11} + Y_G)V_1 + y_{12}V_2 = 0 \tag{A.51}$$

式 (A.49) と式 (A.51) より V_1 を消去すると，

$$I_2 = \left(\frac{-y_{12}y_{21}}{y_{11} + Y_G} + y_{22} \right) V_2 \tag{A.52}$$

となり，したがって出力アドミタンスは，

$$Y_\text{out} = \frac{I_2}{V_2} = \frac{-y_{12}y_{21}}{y_{11} + Y_G} + y_{22} \tag{A.53}$$

となり，これが求める等価電源の内部アドミタンス Y_0 に相当する．一方，等価

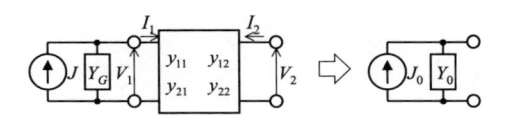

電流源における J_0 の値は，与えられた回路において，出力短絡 ($V_2 = 0$) 時における I_2 に相当する．二端子対回路の出力短絡 ($V_2 = 0$) 時における I_1, I_2 は，

$$I_1 = y_{11}V_1 \tag{A.54}$$

$$I_2 = y_{21}V_1 \tag{A.55}$$

となり，二端子対回路の入力側において，

$$J = Y_G V_1 + I_1 \tag{A.56}$$

これを式 (A.54) に代入して I_1 を消去し，さらに式 (A.55) とで V_1 を消去すると，

$$I_2 = \frac{y_{21}}{Y_G + y_{11}} J \tag{A.57}$$

となる．これが求める等価電源の $-J_0$ に相当するので，

$$J_0 = -\frac{y_{21}}{Y_G + y_{11}} J \tag{A.58}$$

となる．

6.10 二端子対回路の両端の電圧，電流を図のように定義すると，

$$V_1 = AV_2 + BI_2 \tag{A.59}$$

$$I_1 = CV_2 + DI_2 \tag{A.60}$$

の関係が成り立つ．電圧源 E を短絡した場合の出力インピーダンス ($V_2/-I_2$) を求めれば，それが求める等価電源の内部インピーダンス Z_0 に等しい．$E = 0$ においては，

$$V_1 = -Z_G I_1 \tag{A.61}$$

の関係が成り立つので，式 (A.61) を式 (A.59) に代入して，

$$-Z_G I_1 = AV_2 + BI_2 \tag{A.62}$$

式 (A.60) と式 (A.62) より I_1 を消去すると，

$$(A + Z_G C)V_2 = -(B + Z_G D)I_2 \tag{A.63}$$

となり，したがって出力インピーダンスは，

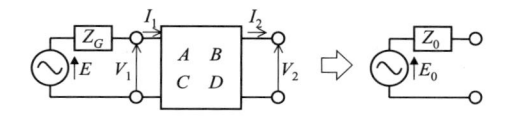

$$Z_{\text{out}} = \left.\frac{V_2}{-I_2}\right|_{E=0} = \frac{B + Z_G D}{A + Z_G C} \tag{A.64}$$

となり，これが求める等価電源の内部インピーダンス Z_0 に相当する．一方，等価電圧源における E_0 の値は，与えられた回路において，出力開放 ($I_2 = 0$) 時における V_2 に相当する．二端子対回路の出力開放 ($I_2 = 0$) 時における V_1, I_1 は，

$$V_1 = AV_2 \tag{A.65}$$

$$I_1 = CV_2 \tag{A.66}$$

となり，二端子対回路の入力側において，

$$E = Z_G I_1 + V_1 \tag{A.67}$$

これを式 (A.65) に代入して V_1 を消去し，さらに式 (A.66) とで I_1 を消去すると，

$$V_2 = \frac{E}{A + Z_G C} \tag{A.68}$$

となる．これが求める等価電源の E_0 に相当する．

6.11 二端子対回路の両端の電圧，電流を図のように定義すると，

$$V_1 = AV_2 + BI_2 \tag{A.69}$$

$$I_1 = CV_2 + DI_2 \tag{A.70}$$

の関係が成り立つ．端子 2–2′ において，$V_2 = Z_L I_2$ なる関係があるので，端子 1–1′ からから右を見たインピーダンス Z_1 は，

$$Z_1 = \frac{V_1}{I_1} = \frac{AV_2 + BI_2}{CV_2 + DI_2} = \frac{A(V_2/I_2) + B}{C(V_2/I_2) + D} = \frac{AZ_L + B}{CZ_L + D} \tag{A.71}$$

電源 E から右を見たインピーダンスは $Z_G + Z_1$ であるから，テブナンの定理より I_1 は，

$$I_1 = \frac{E}{Z_G + Z_1} = \frac{E}{Z_G + \frac{AZ_L + B}{CZ_L + D}} \tag{A.72}$$

となる．式 (A.70) と，$V_2 = Z_L I_2$ の関係より，

$$I_1 = CV_2 + D\frac{V_2}{Z_L} = \left(C + \frac{D}{Z_L}\right)V_2 \tag{A.73}$$

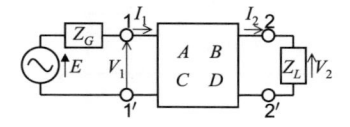

式 (A.72) と式 (A.73) の I_1 が等しいと置くと，

$$\frac{V_2}{E} = \frac{1}{\left(Z_G + \frac{AZ_L+B}{CZ_L+D}\right)\left(C + \frac{D}{Z_L}\right)} = \frac{Z_L}{AZ_L + B + Z_G(CZ_L + D)} \quad (A.74)$$

と求まる．

第7章

7.1 図 (a) に示すように，送電端を $x = 0$ とし，送電端での電圧，電流を各々 V_s, I_s とすると，受電端 $(x = l)$ での電圧 V_l および電流 I_l は式 (7.27) より，

$$\begin{aligned} V_l &= V_s \cosh \gamma l - Z_0 I_s \sinh \gamma l \\ I_l &= -\frac{V_s}{Z_0} \sinh \gamma l + I_s \cosh \gamma l \end{aligned} \quad (A.75)$$

で与えられる．受電端では，$V_l = Z_L I_l$ の関係が成り立っているから，

$$\frac{V_l}{I_l} = Z_L = \frac{V_s \cosh \gamma l - Z_0 I_s \sinh \gamma l}{-\frac{V_s}{Z_0} \sinh \gamma l + I_s \cosh \gamma l} \quad (A.76)$$

となり，上式を解くことにより V_s が求まり，

$$V_s = \frac{Z_L \cosh \gamma l + Z_0 \sinh \gamma l}{\cosh \gamma l + \frac{Z_L}{Z_0} \sinh \gamma l} I_s \quad (A.77)$$

となる．受電端から x' の距離にある点，すなわち送電端から $l - x'$ の距離にある点での電圧 $V_{l-x'}$，および電流 $I_{l-x'}$ は式 (7.27) より，

$$\begin{aligned} V_{l-x'} &= V_s \cosh \gamma(l - x') - Z_0 I_s \sinh \gamma(l - x') \\ I_{l-x'} &= -\frac{V_s}{Z_0} \sinh \gamma(l - x') + I_s \cosh \gamma(l - x') \end{aligned} \quad (A.78)$$

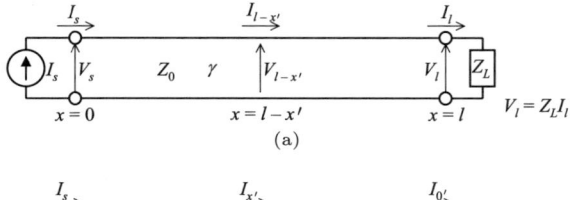

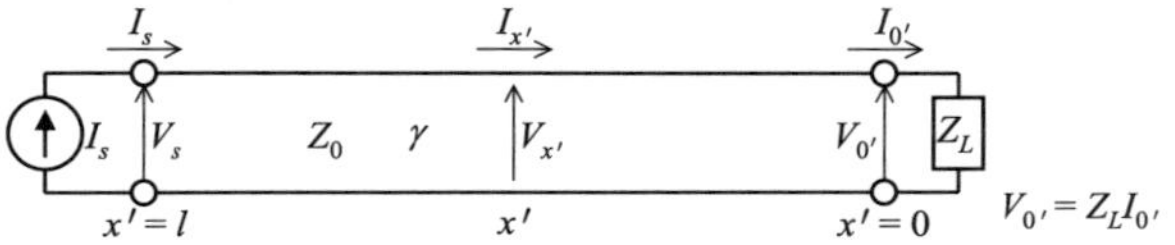

と表される．したがって，上で求めた V_s を代入すると，

$$\begin{aligned}
V_{l-x'} &= I_s[Z_L\{\cosh\gamma l \cosh\gamma(l-x') - \sinh\gamma l \sinh\gamma(l-x')\} \\
&\quad + Z_0\{\sinh\gamma l \cosh\gamma(l-x') - \cosh\gamma l \sinh\gamma(l-x')\}] \\
&\quad /\{\cosh\gamma l + (Z_L/Z_0)\sinh\gamma l\} \\
&= I_s\frac{Z_L\cosh\gamma x' + Z_0\sinh\gamma x'}{\cosh\gamma l + \frac{Z_L}{Z_0}\sinh\gamma l}
\end{aligned} \tag{A.79}$$

同様に，
$$I_{l-x'} = I_s\frac{Z_L\sinh\gamma x' + Z_0\cosh\gamma x'}{Z_0\cosh\gamma l + Z_L\sinh\gamma l} \tag{A.80}$$

となる．したがって，$x' \to x$ と置き換えれば，それが解答となる．

この問題は図 (b) に示すように，受電端を $x'=0$ と置き，そこでの電圧，電流を各々 $V_{0'}, I_{0'}$ として，受電端から x' の距離にある点での電圧 $V_{x'}$ および電流 $I_{x'}$ を式 (7.31) により求めた方が簡単である．$V_{x'}, I_{x'}$ は，

$$\begin{bmatrix} V_{x'} \\ I_{x'} \end{bmatrix} = \begin{bmatrix} \cosh\gamma x' & Z_0\sinh\gamma x' \\ \frac{1}{Z_0}\sinh\gamma x' & \cosh\gamma x' \end{bmatrix}\begin{bmatrix} V_{0'} \\ I_{0'} \end{bmatrix} \tag{A.81}$$

と表せる．したがって，送電端 $(x'=l)$ での電流 I_s は，受電端で成り立つ関係 $V_{0'} = Z_L I_{0'}$ を用いると，

$$I_s = \frac{V_{0'}}{Z_0}\sinh\gamma l + I_{0'}\cosh\gamma l = I_{0'}\left(\frac{Z_L}{Z_0}\sinh\gamma l + \cosh\gamma l\right) \tag{A.82}$$

と表せる．したがって，受電端から距離 x' の点での電圧 $V_{x'}$ は，

$$V_{x'} = I_0(Z_L\cosh\gamma x' + Z_0\sinh\gamma x') = \frac{I_s Z_0(Z_L\cosh\gamma x' + Z_0\sinh\gamma x')}{Z_L\sinh\gamma l + Z_0\cosh\gamma l} \tag{A.83}$$

受電端から距離 x' の点での電流 $I_{x'}$ は，

$$I_{x'} = I_{0'}\left(\frac{Z_L}{Z_0}\sinh\gamma x' + \cosh\gamma x'\right) = \frac{I_s(Z_L\sinh\gamma x' + Z_0\cosh\gamma x')}{Z_L\sinh\gamma l + Z_0\cosh\gamma l} \tag{A.84}$$

と表せる．したがって，$x' \to x$ と置き換えれば，それが解答となる．

7.2 図に示すように，受電端 ($x'=0$ と置く) での電圧，電流を各々 $V_{0'}, I_{0'}$ とすると，受電端から x' の距離にある点での電圧 $V_{x'}$，および電流 $I_{x'}$ は式 (7.31) より，

$$\begin{bmatrix} V_{x'} \\ I_{x'} \end{bmatrix} = \begin{bmatrix} \cosh\gamma x' & Z_0\sinh\gamma x' \\ \frac{1}{Z_0}\sinh\gamma x' & \cosh\gamma x' \end{bmatrix}\begin{bmatrix} V_{0'} \\ I_{0'} \end{bmatrix} \tag{A.85}$$

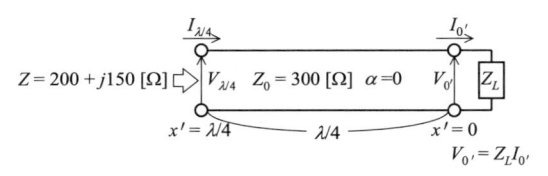

と表せる．無損失線路ということだから，$\alpha = 0$．したがって，$\gamma = j\beta$．また，$\beta = 2\pi/\lambda$ の関係から，負荷から 1/4 波長離れた点 $(x' = \lambda/4)$ では，$\beta x' = \pi/2$．したがって，負荷から 1/4 波長離れた点での電圧 $V_{\lambda/4}$，電流 $I_{\lambda/4}$ は，

$$V_{\lambda/4} = jZ_0 I_0, \quad I_{\lambda/4} = j\frac{V_0}{Z_0} = j\frac{Z_l}{Z_0}I_0 \tag{A.86}$$

と表せる．したがって，負荷から 1/4 波長離れた点から負荷を見たインピーダンス Z は，

$$Z = \frac{V_{\lambda/4}}{I_{\lambda/4}} = \frac{Z_0^2}{Z_L} = 200 + j150 \text{ [Ω]} \tag{A.87}$$

となる．したがって，

$$Z_L = \frac{300^2}{200 + j150} = 288 + j216 \text{ [Ω]} \tag{A.88}$$

と求まる．

7.3 受電端での電圧を $V_{0'}$ とすると，受電端からの距離 l の位置にあると仮定する送電端での電圧 V_s は，

$$V_s = V_{0'} \cosh \gamma l \tag{A.89}$$

となる．送電線は無損失であると仮定しているため，$\alpha = 0$．したがって，$\gamma = j\beta$．

$$\frac{V_s}{V_{0'}} = \cosh \gamma l = \cosh j\beta l = \cos \beta l \tag{A.90}$$

電力が伝わる速さを光速度 c に等しいと仮定しているので，$\beta = \frac{2\pi}{\lambda} = \frac{2\pi f}{c}$．よって，

$$l = \frac{1}{\beta} \cos^{-1} \frac{V_s}{V_{0'}}$$
$$= \frac{c}{2\pi f} \cos^{-1} \frac{V_s}{V_{0'}} = \frac{3 \times 10^8}{2 \cdot 50\pi} \cos^{-1}\left(\frac{1}{1.05}\right) = 2.96 \times 10^5 \text{ [m]} \tag{A.91}$$

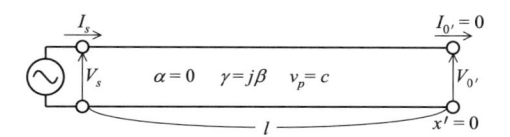

したがって，296 [km].

7.4 受電端を短絡して送電端より測定したインピーダンス Z_s は，

$$Z_s = Z_0 \tanh \gamma l = jx \tag{A.92}$$

受電端を開放して送電端より測定したインピーダンス Z_f は，

$$Z_f = Z_0 \coth \gamma l = \frac{1}{jb} \tag{A.93}$$

で与えられるので，$Z_s Z_f = Z_0^2 = x/b$. また，無損失線路では $R = G = 0$ であるから，

$$Z_0^2 = \frac{R + j\omega L}{G + j\omega C} = \frac{L}{C} \tag{A.94}$$

したがって，

$$\frac{x}{b} = \frac{L}{C} \tag{A.95}$$

の関係が成り立つ．また，

$$\frac{Z_s}{Z_f} = \tanh^2 \gamma l = -xb \tag{A.96}$$

であり，さらに無損失線路 ($R = G = 0$) では，

$$\gamma = \sqrt{(R + j\omega L)(G + j\omega C)} = j\omega \sqrt{LC} \tag{A.97}$$

であるから，

$$\tanh^2 j\omega l\sqrt{LC} = -\tan^2 \omega l\sqrt{LC} = -xb \tag{A.98}$$

となり，

$$\sqrt{LC} = \frac{1}{\omega l} \tan^{-1} \sqrt{xb} \tag{A.99}$$

式 (A.95) と式 (A.99) より，リアクタンス ωL および容量サセプタンス ωC は，

$$\omega L = \frac{1}{l}\sqrt{\frac{x}{b}} \tan^{-1} \sqrt{xb}, \quad \omega C = \frac{1}{l}\sqrt{\frac{b}{x}} \tan^{-1} \sqrt{xb} \tag{A.100}$$

となる．

索　引

欧文

F 行列　96
F パラメータ　96

G 行列　101

H 行列　101

K 行列　96
K パラメータ　96

RLC 直列回路　29

SWR　145

TEM 波　112

Y 行列　92
Y パラメータ　92

Z 行列　88
Z パラメータ　88

ア　行

アイソレータ　66
アドミタンス　39
アドミタンス行列　92
アドミタンスパラメータ　92
アドミタンスフェーザ　49
アンペア　3, 14

位相（角）　32
位相速度　118
位相定数　116
一端子対素子　13
イミタンス　39
インダクタ　14
インダクタンス　15
インピーダンス　39
インピーダンス行列　88
インピーダンス整合　139
インピーダンスパラメータ　88
インピーダンスフェーザ　49

ウェーバ　15

円線図　141

オーム　3, 14
オームの法則　1, 3

カ　行

開放駆動点インピーダンス　89
開放伝達インピーダンス　89
回路記号　13
回路素子　13
回路方程式　62
ガウスの定理　4
角周波数　32
重ね合わせの理　68
過渡現象論　30

基準フェーザ　49
起電力　18
キャパシタ　15
共振周波数　31

索　引

虚数単位　34
キルヒホッフの法則　4
　　第一法則　5
　　第二法則　6

駆動点インピーダンス　121
グラフ理論　62
グリーンの相反定理　66
クーロン　3, 16

結合係数　12, 17
減衰定数　116

コイル　14
高周波回路　8, 33
合成インダクタンス　22
合成インピーダンス　39
合成静電容量　23
合成抵抗　20
交流　32
交流回路　8, 32
交流理論　30
固有電力　47
コンダクタンス　14
コンデンサ　15

サ　行

サーキュレータ　66
鎖交磁束　15, 17
サセプタンス　42

時間反転性　12
時間反転操作　66
自己インダクタンス　11, 16
自己インピーダンス　83
自己誘導現象　11
磁束　9, 15, 17
実効値　33
実効電力　43
ジーメンス　14
ジャイレータ　66

写像操作　55
周期　32
縦続行列　96
集中定数回路　112
周波数　32
出力インピーダンス　105
受電端　113
受動素子　18, 26
ジュール　25
瞬時値　14, 32
瞬時電力　24
準定常電流　7, 32
初期位相（角）　32
進行波　118
振幅　32

ストークスの定理　9

正弦波交流　32
静電エネルギー　16, 25
静電容量　16
節点電位　64
節点電位法　65
節点方程式　65
線形回路　67
線形回路素子　13, 14, 68
線形電気回路　14
全反射　124
線路
　　――の一次定数　116
　　――の縦続接続　135
　　――の二次定数　116

装荷ケーブル　132
装荷線路　132
相互インダクタンス　11, 16
相互誘導現象　11
相似変換　56
双対　72
双対グラフ　72
双対性　72
送電端　113

索　　引

相反回路　76
相反定理　76

タ　行

端子　13
短絡駆動点アドミタンス　93
短絡伝達アドミタンス　93

蓄電器　15
直並列回路　62
直流　26
直流回路　13, 26
直列接続　20

抵抗　41
抵抗器　13
抵抗値　3, 14
定在波　126
定在波比　144
定常電流　13
　──の保存則　2
定抵抗回路　75
テブナンの定理　80
電圧源　18
電圧降下　14
電圧反射係数　127
電圧フェーザ　49
電圧ベクトル　49
電位勾配　2
電位差　2
電界　2
電荷保存則　2
電荷量　3, 16
電気抵抗　3
電磁エネルギー　15, 25
電信方程式　115
伝送行列　96
伝送線路　112
伝送定数　116
伝送の基礎方程式　114
伝送方程式　115

伝搬定数　116
電流源　19
電流反射係数　128
電流フェーザ　49
電流ベクトル　49
電力　24, 43
電力量　27

透過係数　134
等価電圧源　79
　──の定理　80
等価電源の定理　80
等価電流源　80
　──の定理　81
透磁率　12
導電率　2
特性インピーダンス　116
トムソンケーブル　132
トランス　16

ナ　行

内部インピーダンス　19
内部抵抗　28
波の反射　126

二端子素子　13
二端子対回路　87
二端子対素子　16
入射波　126
入力インピーダンス　105

ノイマンの相反定理　12
能動素子　18, 26
ノートンの定理　81

ハ　行

ハイブリッド行列　101
はしご形回路　26
波長　118
波動方程式　116

索　引

バール　45
反射係数　126
反射波　126
反転鏡像　57

ひずみ波交流　33
非線形回路素子　14
皮相電力　44
非相反回路素子　66

ファラド　16
フェーザ図　48
フェーザ表示　34
　　——の絶対値　34
負荷抵抗　28
複合線路　133
複素インピーダンス　41
複素電力　45
負性抵抗　24
ブリッジ回路　26, 62
分布 RC 線路　132
分布定数回路　111, 112

平均電力　43
並列接続　21
閉路電流　62
閉路電流法　63
閉路方程式　63
ベクトル図　48
ベクトルポテンシャル　10
ヘビサイドの演算子法　38
ヘルムホルツの定理　80
変圧器　16
変位電流　8
偏角　34
変成器　16
ヘンリー　15

補償定理　82
ボルト　3, 14
ボルトアンペア　44

マ　行

マイクロ波回路　33
マクスウェル方程式　1

無効電力　44, 45
無装荷線路　132
無損失線路　129

モー　14

ヤ　行

有効電力　43
誘導性　41, 51, 53
誘導性リアクタンス　41, 51
有能電力　47

容量性　41, 52
容量性リアクタンス　41, 51
横電磁界型の波　112
四端子回路　87
四端子素子　16
四端子定数　96

リアクタンス　41
リアクタンス素子　25
リアクタンス率　44
力率　44
理想線路　130
理想電圧源　18
理想電流源　19
理想変圧器　18
理想変成器　18, 48
立体回路　112

ラ　行

ワット　24

著者略歴

山田博仁(やまだひろひと)

1959年　岐阜県に生まれる
1981年　金沢大学工学部電子工学科卒業
1987年　東北大学大学院工学研究科博士課程修了
　　　　日本電気(株)を経て
現　在　東北大学大学院工学研究科電気・通信工学専攻・教授
　　　　工学博士

電気・電子工学基礎シリーズ7
電 気 回 路
　　　　　　　　　　　　　　　定価はカバーに表示

2008年8月25日　初版第1刷

　　　　　　　　著　者　山　田　博　仁
　　　　　　　　発行者　朝　倉　邦　造
　　　　　　　　発行所　株式会社　朝　倉　書　店
　　　　　　　　　　　　東京都新宿区新小川町6-29
　　　　　　　　　　　　郵便番号　　162-8707
　　　　　　　　　　　　電　話　03(3260)0141
　　　　　　　　　　　　FAX　03(3260)0180
〈検印省略〉　　　　　　　http://www.asakura.co.jp

© 2008 〈無断複写・転載を禁ず〉　　　　　中央印刷・渡辺製本

ISBN 978-4-254-22877-9　C 3354　　　　　Printed in Japan

電気・電子工学基礎シリーズ

シリーズ編集委員会 編集／委員長：宮城光信
編集幹事：濱島高太郎・安達文幸・吉澤　誠・佐橋政司・金井　浩・羽生貴弘

1.	電磁気学	澤谷邦男	
2.	電磁エネルギー変換工学	松木英敏・一ノ倉　理	
3.	電力系統工学	濱島高太郎・斎藤浩海	
4.	電力発生工学	斎藤浩海	
5.	高電圧工学	安藤　晃・犬竹正明	本体 2800 円
6.	システム制御工学	阿部健一・吉澤　誠	本体 2800 円
7.	電気回路	山田博仁	
8.	通信システム工学	安達文幸	本体 2800 円
9.	電子デバイス基礎	佐橋政司	
10.	フォトニクス基礎	伊藤弘昌（編著）	
11.	プラズマ理工学	畠山力三	
12.	電気計測	櫛引淳一・曽根秀昭・金井　浩	
13.	知能集積システム学	亀山充隆・羽生貴弘	
14.	電子回路	小谷光司	
15.	量子力学基礎	末光眞希・枝松圭一	本体 2600 円
16.	量子力学 ―概念とベクトル・マトリクス展開―	中島康治	本体 2800 円
17.	計算機学	丸岡　章	
18.	画像処理	川又政征・塩入　諭・大町真一郎	
19.	電子物性	高橋　研・角田匡清	
20.	電気・電子材料	高橋　研・庭野道夫	
21.	電子情報系の 応用数学	田中和之・林　正彦・海老澤丕道	本体 3400 円

上記価格（税抜）は 2008 年 7 月現在